シュレディンガーの猫　目次

まえがき　6

第1章 初期の実験　紀元前430年〜紀元1307年　8

- 紀元前430年頃　空気は「何か存在するもの」なのか？
　　　　　　　　　　　　　　　　　　　　　　エンペドクレス　10
- 紀元前240年頃　なぜ浴槽から水があふれるのか？　アルキメデス　13
- 紀元前230年頃　地球の大きさをどうやって測るか？
　　　　　　　　　　　　　　　　　　　　　　エラトステネス　17
- 1021年　光はどのように進むのか？
　　　　　　　　　　　　　　　　アルハゼン（イブン・アル＝ハイサム）　20
- 1307年　虹はなぜあのような色なのか？
　　　　　　　　　　　　　　　　　　　　　フライブルクのテオドリク　23

第2章 啓蒙主義　1308年〜1760年　26

- 1581年　磁北はどこか？　　　　　　　　　　　　　ノーマン　28
- 1587年　大きいものと小さいもの、どちらが速く落下するか？
　　　　　　　　　　　　　　　　　　　　　　　　　ガリレオ　31
- 1648年　山頂では空気は薄くなるのか？　　　　　　パスカル　34
- 1660年　なぜタイヤを空気で満たせるのか？　ボイルとフック　37
- 1672年　「白」は色なのか？　　　　　　　　　　　ニュートン　40
- 1676年　光が進む速さは有限か？　　　　　　　　　レーマー　43
- 1687年　「落下するリンゴ」の逸話は本当か？　　　ニュートン　46
- 1760年　熱い氷……？　　　　　　　　　　　　　　ブラック　49

003

第3章 広がる研究領域 1761年〜1850年　52

- **1774年** 世界の質量をどう量る？　マスケリン　54
- **1798年** 世界の質量をどう量る（山は使わずに）？　キャヴェンディッシュ　57
- **1799年** 電池は別売？　ボルタ　60
- **1803年** 光を分解したらどうなる？　ヤング　63
- **1820年** 磁石で電気をつくれるの？　エルステッドとファラデー　66
- **1842年** 音を引き延ばせるか？　ドップラー　69
- **1843年** 水を温めるのにどれだけのエネルギーが必要か？　ジュール　72
- **1850年** 水中では光は速く進むのか？　フィゾーとフーコー　75

第4章 光、放射線、原子 1851年〜1914年　78

- **1887年** エーテルって何？　マイケルソンとモーリー　80
- **1895年** X線はどのように発見されたのか？　レントゲンとベクレル　83
- **1897年** 原子の中はどうなっているの？　トムソン　86
- **1898年** ラジウムはいかに発見されたか？　キュリー夫妻　89
- **1899年** 電力は空中を伝わるか？　テスラ　92
- **1905年** 光の速さは常に一定なのか？　アインシュタイン　95
- **1908〜13年** 世界はなぜすき間だらけなのか？　ラザフォード他　98
- **1911年** 絶対零度で金属はどのようになるか？　オネス　101
- **1911年** 雲をつかむような話でノーベル賞を手にできるか？　ウィルソン　103
- **1913年** 電子の電荷は計測できるだろうか？　ミリカンとフレッチャー　106
- **1914年** 量子の振る舞いは想像を絶するようなものなのか？　フランクとヘルツ　110

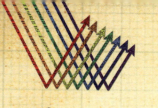

第5章 さらなる探究 1915年～1939年　114
- **1915年** 重力は加速度と関係があるのか？　アインシュタイン　116
- **1919年** 鉛を金に変えられますか？　ラザフォード　119
- **1919年** アインシュタインは正しいと証明できるか？
エディントン他　122
- **1922年** 粒子はスピンするか？　シュテルンとゲルラッハ　125
- **1923～27年** 粒子は波動性を持つのか？　デイヴィソンとジャマー　128
- **1927年** 何もかも不確定なのか？　ハイゼンベルク　131
- **1927～29年** なぜ宇宙は膨張するのか？　フリードマン他　134
- **1932年** 反物質は存在するか？　アンダーソン　137
- **1933年** 重力はどのように銀河を結びつけているのか？
ツビッキー　140
- **1935年** シュレディンガーの猫は生きているの？死んでいるの？
シュレディンガー　143
- **1939年** 原子核物理学はいかにして原爆に結びついたか？
シラードとフェルミ　146

第6章 宇宙へ 1940年～2009年　150
- **1956年** 星が生まれたの？　タム他　152
- **1965年** ビッグバンは残響を残したのか？
ペンジアスとウィルソン　155
- **1967年** 緑の小人はいるのか？　ベル　158
- **1998年** 宇宙の膨張は加速している？　パールマッター他　161
- **1999年** なぜ我々はここにいるのか？　リース他　163
- **2007年** 我々は宇宙で独りぼっちなのか？　ボラコ他　166
- **2009年** ヒッグス粒子は見つかるのか？　ヒッグス他　169

索　引　172
用語解説　174

まえがき

　物理学の歴史は古く、実際、科学の中では最も長い歴史を持つでしょう。人間は常に、周囲の自然物や人工物がどのように動くのかを解明しようとしてきました。自然の神秘を明らかにしようと、労を惜しまず真剣に考え続けた人々もいました。原始には大勢の人類が、夜空で動く月と星々を見上げながら座り込み、何事が起きているのかを思いめぐらせていたに違いありません。どの文化も天に関してと世界の創世に関しての伝説を持っていますが、物理学は論理と推論、そして何より実験によって真実を究めようとしてきました。

　科学の先端を常に走ってきたのは天文学です。裸眼でも宇宙の観測は可能ですし、星々の位置を記録し蓄積することができます。惑星の奇妙な動きを追い、ときには流星、彗星、超新星の出現を記録できるのです。1600年頃に望遠鏡が発明されると、天文学のさらなる発展が可能になりましたが、天文学者たちが実験に取り組むことはありませんでした。そのため、本書には天文学者がほとんど出てきません。

　エンペドクレスによる水時計の実験（11ページ参照）とアルキメデスの浴槽での発見（14ページ参照）の間には、200年の開きがあります。そしてこの間に、計算方法と物事の理解において大きな進展があったのです。ギリシア文明が衰退してから、イスラームが黄金時代を迎えるまでの間は、ごくわずかな進歩しかありませんでした。イスラームの黄金時代には、アラブの科学者、技術者、錬金術師が科学の進歩に貢献しています。しかしその後、コペルニクスが太陽を中心とした宇宙観（地動説）について著作を刊行（1543年）し、ガリレオがその67年後に木星の衛星の観測結果からコペルニクスの説に賛同するまで、再び科学の進歩は足踏み状態に陥ります。

006

ガリレオは物理学史上で画期的な実験をいくつも行い、続いてロバート・ボイル、アイザック・ニュートンが実験により物理学と化学の強固な基盤を構築しました。新たな実践的・理論的な技術を手にした科学者たちは、音の速さ、光の速さ、地球の質量を計測し、鳥の翼を空気力学的に分析しました。これらの実験の大半はヨーロッパ、中でもドイツで行われましたが、その後アメリカ人科学者が台頭して名を成し続けています。

19世紀終わり近くには、5年以内という短期間にX線、放射能、電子といくつもの大発見が相次ぎます。これらの発見により科学的着想、理論、そして実験方法がさらに高度化しました。20世紀初頭には物質の性質の理解が、著しいほど進んだのです。

2度の世界大戦では、科学者たちが軍事的な開発研究に従事させられました。その結果、レーダー、マイクロ波、原子力が生まれたのです。しかし戦争が終わると基礎科学が再び花開き、特に天文学者、天体物理学者、宇宙科学者たちが宇宙についての研究を推し進めました。星々の観測が妨げられにくい宇宙空間に望遠鏡が設置され、ムーアの法則(集積回路上のトランジスタ数は5年で約10倍になるという見解)にしたがってコンピューターの計算能力が増大しました。

21世紀は、かつてないほど大規模でコストのかかる実験が行われるビッグ・サイエンス(巨大科学)の時代です。非常に多くの物理学者が関わり、収集した膨大なデータを処理し分析するため、多数のスーパーコンピューターが利用されることもあります。

これだけの労力を費やしても、物理学の研究が終わることはありません。数多くの実験が行われてきましたが、常に新たな疑問が生まれ出てきました。そして新たな疑問は、解明されるときを待ち続けているのです。

第1章 初期の実験

紀元前430年〜紀元1307年

　古代の中国人は偉大な発明家でした。磁気コンパス、火薬、紙、印刷技術といった、当時としては驚異的な技術を実用化しました。張衡（ちょうこう）という科学者は、遠隔地の地震を検知するすばらしい地動儀（地震計）をつくっています。さらに天文学者にも優れた才能を持つ者が多く、1054年にはすでに超新星が観測されていたのです。

　しかし科学への関心という点では、古代ギリシア人は中国人よりも概して熱心でした。ことにアリストテレスは物理学、生物学、動物学などで詳細な記録を残しています。アリストテレス自身は

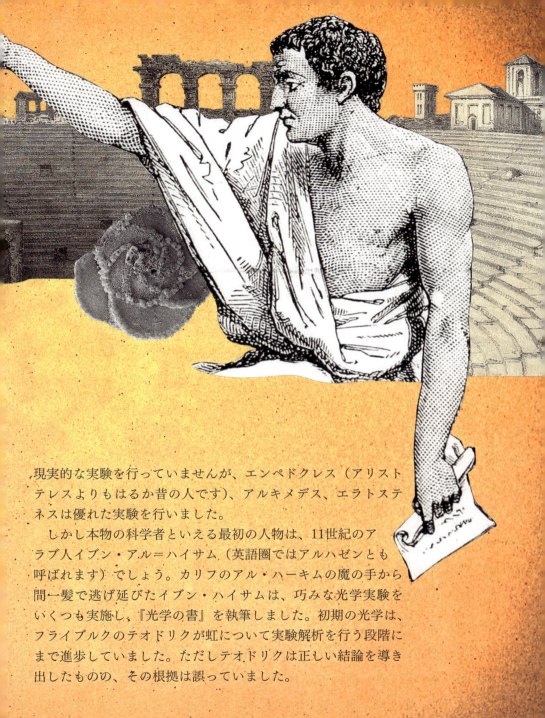

　現実的な実験を行っていませんが、エンペドクレス（アリストテレスよりもはるか昔の人です）、アルキメデス、エラトステネスは優れた実験を行いました。
　しかし本物の科学者といえる最初の人物は、11世紀のアラブ人イブン・アル゠ハイサム（英語圏ではアルハゼンとも呼ばれます）でしょう。カリフのアル・ハーキムの魔の手から間一髪で逃げ延びたイブン・ハイサムは、巧みな光学実験をいくつも実施し、『光学の書』を執筆しました。初期の光学は、フライブルクのテオドリクが虹について実験解析を行う段階にまで進歩していました。ただしテオドリクは正しい結論を導き出したものの、その根拠は誤っていました。

紀元前 **430** 年頃の研究

- 研究者‥‥‥‥‥‥‥‥
  エンペドクレス
- 研究領域‥‥‥‥‥‥‥
  空気力学
- 結論‥‥‥‥‥‥‥‥‥
  空気は「四大元素」の1つ
  である。

空気は
「何か存在するもの」なのか？

エンペドクレスの物質の「根（リゾーマタ）」探し

　シチリア島南西部の海岸線の中央付近に位置するアグリジェント（昔はアクラガスと呼ばれていました）の町には、ギリシャに残る神殿遺跡の中でも特に壮麗な遺跡が随所にあります。神殿は高い尾根の端から端まで広がり、太陽の光を受けて誇らしげにたたずんでいます。この町には立派な円形競技場も残されています。紀元前5世紀のアクラガスには、エンペドクレスというギリシャの哲学者が住んでいました。エンペドクレスは今日知られている中では最古の科学実験を行い、元素に関する自身の理論を証明しようとしました。

四大元素

　それまで人々は、物質は何からできているのかについて何百年もの間、考えをめぐらし議論を重ねてきました。タレスは水が物質を構成しているのではないかと考えましたが、その理由は、水は氷や蒸気に姿を変えられるので、他の物質にも変化できるのではないかというものでした。さまざまな材料が組み合わさって物質を構成していると主張する人々もいました。エンペドクレスは、すべての物質は土、空気、火、水という4種類の元素——エンペドクレスの言葉では「根（リゾーマタ）」——からなっており、これら四大元素が組み合わさる際の比率が変わるだけで、異なる物質が形成されるのだと主張しました。エンペドクレスは、各元素には本来あるべき場所に戻ろうとする性質が備わっているのだと言います。そのため土は常に地面へ落ちようとし、水は徐々に海へと流れ、水中の空気は気泡となって水面に向かい、火は太陽へ向かおうとして燃え上がるのです。

四大元素

火
熱　　　乾
空気　　　土
湿　　　冷
水

四大元素自身は変化しません。そして愛の力によって互いに結びついていますが、元素の間で常に争いが起きるため、離れようとする力も働いています。その結果、四大元素は不安定な状態に置かれ続けているのです。
　この説には少々問題がありました。一部の皮肉屋が、空気が四大元

素の1つであるわけがないと主張していたのです。そのような反対派は、空気には実体がないのだから、他の物質の一部になることもできないし、「根」であるわけもないと主張しました。これに対しエンペドクレスは、空気は水中で泡をつくるではないかと指摘します。泡が見える以上、それは「何か」に違いないのです。しかしこの反論では反対派が納得しなかったため、エンペドクレスは巧妙な実験を考案しました。

水時計を沈める
　エンペドクレスはクレプシドラという水時計を使っていました。陶器製の円筒で、一端には蓋がなく、反対側の蓋には小さな穴が開けられていました。この小さな穴がある側を下にして円筒内に水を入れ、水が徐々に減っていくのを利用して時間を計りました。エンペドクレスはクレプシドラを上下逆さにし（小さな穴が上になります）、穴を

指でふさいで海に浸しました。しばらくしてクレプシドラを持ち上げたエンペドクレスは、クレプシドラの内側の穴に近い部分は乾いたままであることを示しました。何かが存在し、海水が入ってくるのを防いだのです。この何かこそ空気に違いありません。空気には実体があるのです。

土、空気、火、水からなる四大元素の考え方は、2000年以上後にロバート・ボイルが元素を見直すまで、ほとんど変わらず継承されました。

炎のような最期

エンペドクレスは、自分は不死だと信じていました。支持者たちにそのことを証明するため、エンペドクレスは支持者を率いてエトナ山に登りました。エトナ山はシチリア島の東端にそびえる活火山です。エンペドクレスはエトナ山の煙を噴き上げる噴火口に飛び込んだと言われています。

ある言い伝えによると、エンペドクレスのサンダルの片方が脱げ落ちていましたが、エンペドクレス自身の姿を見ることは二度となかったそうです。噴火口への飛び込みはエンペドクレスの過ちとも思えますが、この行動のおかげでエンペドクレスの名前は今日まで伝わることになりました。

その意味では、「不死になる」ためのよい方法だったのかもしれません。

なぜ浴槽から
水があふれるのか？

アルキメデスが「エウレーカ！」と叫んだ瞬間

　アルキメデスは紀元前287年頃に生まれ、紀元前212年に侵攻してきたローマ兵に殺されるまで、シチリア島のシュラクサイで暮らしていました。彼は古代世界随一の数学者でした。アルキメデスが導き出した証明で最もすばらしいものは、球が、ぴったりと外接する直円柱の中にある——ちょうど収まった状態です。オレンジが入った小さな缶を想像してください——とき、球の体積は円柱の体積の3分の2であり、球の表面積もまた円柱の表面積の3分の2であるという証明です。アルキメデスは、現代の私たちが使っている方程式を用いずにこの快挙を成し遂げました。アルキメデスは自分の墓石に、球が入った円柱の図を彫り込むよう依頼していました。137年後、ローマの政治家キケロがアルキメデスの墓を発見しています。

紀元前 **240** 年頃の研究

- 研究者……………………
アルキメデス
- 研究領域……………………
流体静力学
- 結論……………………
浮力の原理の発見。

兵器の製作

アルキメデスは優れた技術者でもありました。紀元前212年にローマの艦隊が侵攻してきた際には、さまざまな防衛用の兵器をつくりました。アルキメデスがつくったと言われている兵器には、カタパルト、アルキメデスの鉤爪（一種のクレーンで、腕の先端を敵船に引っかけて転覆させます）、アルキメデスの熱光線があります。熱光線は、表面を磨いた盾を持った大勢の兵士が並び、盾で太陽光線を反射させて敵船に集めるというもので、接近してきた敵船を炎上させたと言われています。

また、アルキメデスは「てこ」と滑車の原理を解明しました。多数の滑車を使って荷物を満載した船を移動させ、有名な「十分な長さのてこと、それを設置する場所さえあれば、地球を動かしてみせよう」という言葉を残しました。

疑惑の王冠

しかしアルキメデスの偉業で最もよく知られているのは、王冠の材質を見きわめた逸話です。専制的な王ヒエロン2世は、金細工師に王冠を新調させることにし、材料として純金を1kg少々預けました。見事な王冠ができあがってきましたが、ヒエロンは金細工師が金をくすね、代わりに同じ重量の銀を混ぜたのではないかと疑います。重量は1kg少々で変わりませんが、すべて金でできているのでしょうか？　ヒエロンはアルキメデスを呼び出し、王冠の材質を判定するよう求めました。解決は非常に困難でした。王冠にはすばらしい装飾が施され、アルキメデスはいかなる形であれ王冠を傷つけてはならないのです。問題と苦闘していたアルキメデスは、久々に街の公共浴場に足を向けました。

重要な浴槽

浴槽に足を踏み入れたアルキメデスは、2つのことに気づきます。

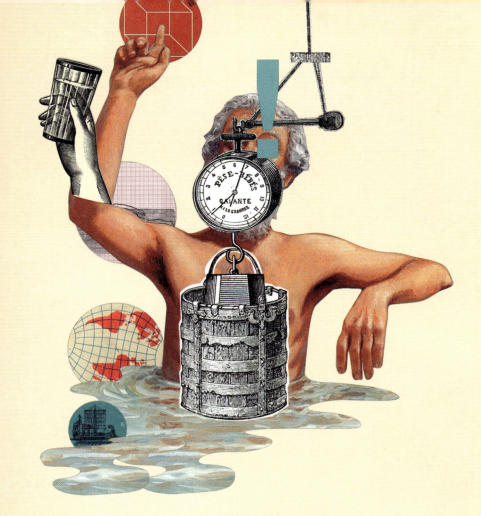

身体を沈めると水位が上昇して浴槽から水がこぼれ出したことと、体重がなくなったかのように身体が軽くなったと感じたことです。この瞬間、アルキメデスは閃きました。伝説によれば、アルキメデスは浴槽から飛び出して「エウレーカ！」と叫びながら、素っ裸のまま家に戻ったそうです。
　アルキメデスは、以下の2つの重要な点に気づいたのです。

1. 身体を水に沈めると、浴槽から水があふれ出る。身体が水を追い出したのである。

2．水に入ると身体が軽く感じられる。押しのけた水の重さと同
じ浮力が身体を上に押し上げるからである。これは、現代で
はアルキメデスの原理と呼ばれている。

　理論上は、水で満たした容器の中に王冠を浸し、こぼれ出た水の量
を量れば王冠の体積がわかります。重さを体積で割れば密度を計算で
きますので、王冠の密度が判明します。アルキメデスは、問題の1kg
弱の王冠を純金でつくった場合の体積が52立方センチだと知ってい
ました。そして銀の密度は金よりも小さいため、同じ重量であれば金
よりも体積は大きくなります。銀が混ぜられているとすれば、問題の
王冠の体積は同重量の純金よりも大きくなるはずです。

アルキメデスの原理の適用
　実際には、体積を正確に量るのは困難なため、アルキメデスは浮力
を利用したと思われます。ヒエロンから、王冠をつくるため預けられ
たのと同じ重さの純金を借り、てんびん棒の片方の端に吊るします。
反対側の端に王冠を吊るしてバランスをとり、純金の塊と王冠を吊る
したてんびん棒全体を水に浸すのです。もし王冠が純金でないとする
と、体積は52立方センチを上回ります。体積が大きければ、受ける
浮力は大きくなります。つまり不純物が混じった王冠は、水中で純金
の塊よりも上に浮かぶことになります。
　予想通り、王冠は純金の塊よりも上に浮かびました。つまり金細工
師は金の代わりに他の金属を混ぜていたのです。金細工師にはふさわ
しい罰が与えられました。
　アルキメデスは多数の著作、論文を発表しており、『球と円柱につ
いて』『浮体の原理』など10点以上が写本の形で残っています。『砂
の計算者』は、宇宙を満たすだけの砂粒を数えるという、大数の計算
についての研究です。あまりにも巨大な数を扱うため、アルキメデス
は新しい大数の呼び方を決めなければなりませんでした。

地球の大きさを
どうやって測るか？

太陽、影、初期のギリシア幾何学

紀元前 230 年頃の研究

● 研究者……………
　エラトステネス
● 研究領域…………
　幾何学
● 結論………………
　地球の全周はおよそ4万km
　である。

　エジプトのナイル川河口に位置する古代ギリシアの街アレクサンドリアは、紀元前322年にアレクサンドロス大王によって創建されました。大王は港をつくるよう命じ、そのために、すぐ沖合の小島（ファロス島）に防波堤を建設しました。その後、プトレマイオス1世がファロス島に巨大な灯台を設置します。灯台は「ファロス島の大灯台」と呼ばれ、世界の七不思議の1つに数えられたのです。

　紀元前3世紀には、アレクサンドリアはギリシア世界の学問の中心地になっていました。立派な図書館には、羊皮紙か上質皮紙を使った数十万本の巻物が収められていました。紀元前240年頃、エラトステネスが新たに図書館長に任命されます。エラトステネスは素数の発見方法を考案した数学者でした。この方法は「エラトステネスの篩」と呼ばれています。

エラトステネスの篩の例

　2から50の間のすべての素数を求めたいとします（一般に1は素数に数えません）。まず2から50までの自然数をマス目の中に記入します。それから2よりも大きい偶数を×で消します。2以上の偶数はいずれも2で割り切れるため素数にならないからです。次に3より大きい3の倍数（3で割り切れます）を×で消します。同様の操作を5と7の倍数に対して行うと、2、3、5、7、11、13、17、19、23、29、31、37、41、43、47というように2から50までの間の素数が残ります。

地球の大きさを測る

　エラトステネスは地理学者でもありました。しかも古代世界トップクラスの地理学者だったようです。古代ギリシア人は2つの確固たる証拠から、地球が丸いことを知っていました。第1に、沖合遠くに離れていく船が、下側から徐々に見えなくなることです。船体が消えるとすぐにマストが見えなくなります。この現象は、船が離れて見えないほど小さくなった

というだけでは説明がつきません。水平線の向こう側に消えたということであり、地球が球形である証拠です。第2の証拠は月食です。古代ギリシア人たちは、月食が地球の影によって起きることを知っていました。そして月にできる影は直線ではなく曲がっているのです。

地球が球形だと知っていたエラトステネスは、その大きさを測りたいと思いました。アレクサンドリアから約800キロ南のシエネ（現在のアスワン）という町にはナイル川が流れており、川の中にエレファンティン島という島がありました。エラトステネスは、夏至の日の正午に島の井戸をのぞき込むと、日光が水面で反射しているのが見えることを知りました。これは、夏至の日の正午に太陽がシエネの真上にあることを意味します。

エラトステネスが利用した井戸は今でもアスワンにありますが、残念なことに涸れてしまい、がれきで満たされています。もちろん、日光の反射を見ることはできません。

太陽がつくる角度

アレクサンドリアに戻ったエラトステネスは、地面に垂直に棒を立て、夏至の日の正午に天頂と太陽がつくる角度を調べました。具体的には、棒と棒の影の縁がつくる角度（右ページ図のAの角度）です。その角度は7.2度でした。

Aの角度は、右ページのA*の角度と同じです。これは、AとA*が平行線の間に引かれた斜め線でつくられる錯角だからです。A*は、地球の中心からアレクサンドリアとシエネを見たときにできる角度です。そこでエラトステネスは、次のような簡単な計算で地球の全周の長さを求めました。

- 地球の中心からアレクサンドリアとシエネにそれぞれ直線を引いた場合、2本の線がなす角は7.2度である。
- アレクサンドリアとシエネの距離は約800kmである。

- アレクサンドリアから出発して地球を一周してアレクサンドリアに戻ると、円を描くことになり、中心角は360度である。360度は7.2度の50倍になる。
- 以上により地球の全周を求める。800kmの50倍は40,000kmなので、地球の全周は約4万kmになる。

　アレクサンドリアからシエネの距離は、公的に任命された歩測の専門家であるベマティスタイによって測られていました。ベマティスタイは、決まった歩幅で歩いて歩数を数える訓練を受けていました。なお、エラトステネスは計算の単位としてkmやマイルではなくスタジアを使っていましたが、1スタジアの正確な長さはわかっていません。しかしエラトステネスの計算結果が、今日の正確な計測結果である40,075.017kmに近い値であることは確かです。

　エラトステネスはアルキメデスの友人でした。アルキメデスの方が12歳年上でした。アルキメデスはエラトステネスに会うため、はるばるシチリア島からエジプトを訪れています。アルキメデスはアレクサンドリア滞在中に、「アルキメデスの螺旋」と呼ばれるスクリューポンプを発明したようです。このポンプは現代でも灌漑に利用され、ナイル川から水をくみ上げています。

　後にアルキメデスは、今の絵ハガキに相当する手紙をエラトステネスに何通も送っていますが、そこには複雑な計算問題が書かれていました。例えば次のような問題です。牝牛と牡牛の大群がいて、体色は4種類あるとした上で、示されている複数の条件からそれぞれの頭数を導き出すのです。解はいくつもありますが、中には20万ケタにおよぶ解もあります。一般には「牛の問題」と呼ばれています。

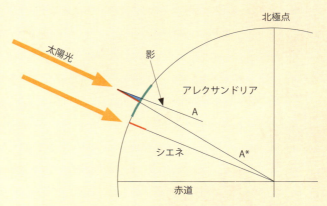

1021年の研究

- **研究者**
  アルハゼン（イブン・アル＝ハイサム）
- **研究領域**
  光学
- **結論**
  光は直進する。

光はどのように進むのか？

カメラ・オブスクラの発明

　体系立てた実験を行った最初期の科学者の1人が、アラブ人のアブー・アリー・アル＝ハサン・イブン・アル＝ハサン・イブン・アル＝ハイサムです。略してイブン・アル＝ハイサムと呼ばれるか、ラテン風にアルハゼンとも呼ばれます。

　アルハゼンはバスラ（現在ではイラク領）で965年に生まれ、バグダードで教育を受けました。あるとき彼は、エジプトでは毎年のナイル川の氾濫に悩まされていることを聞き、軽率にも、カリフのアル・ハーキムに自分なら解決できると手紙を送ってしまいます。カリフは喜んでアルハゼン少年をカイロに招き、壮大な式典で出迎えました。そして彼をナイル川に送り出し、作業にとりかかるよう命じました。

　アルハゼンの計画は、現代のアスワンにあたる地域にダムを建設するという理にかなったものでしたが、工事の規模を正確に見積もるのには失敗していました。カイロから南下してアスワンに到着したアルハゼンは、複数の流れに分かれてはいるものの、川幅が1マイル（約1.6km）を超えることを初めて知ります。当時の技術では、ダムの建設はさすがに不可能です。しかしアルハゼンは、自分の誤りを認めるのをためらいます。専制的で容赦のないカリフが、アルハゼンの首を切り落とすのは確実だと考えたからです。そこでアルハゼンは、誤りを認める代わりに「狂った」ことにしました。カリフが1021年に死去するまで、アルハゼンは「狂った」まま10年間監禁されたのです。

目の働きを研究する

　アルハゼンはこの10年間を光学の研究にあて、さまざまな実験を行っています。まずアルハゼンは、目がどのように機能しているかを考えました。ユークリッドやプトレマイオスらは、何か――例えば樹木――を見るときには、人間は目を開いて光線を発し、樹木を照らしているのだと主張していました。樹木で反射して戻ってきた光線を目でとらえ、像をつくっているというのです。またアリストテレスは、人間の目には現実の像がそのまま（上下逆転したり拡大されたりせずに）入ってくると考えていました。

　アルハゼンは、これらの考えはどれもナンセンスだと主張しました。いずれにせよ光は目の外側にあるのです。昼間であれば、すべてのものが太陽の光に照らされています。樹木、家、人間に当たった日光が跳ね返って目に届きます。アルハゼンが主張したとおり、「（物体上の）色のついたあらゆる点は、光に照らされると光と色を直線状に放射する」のです。私たちが目を開きさえすれば、光が流れ込んできます。アルハゼンは牡牛の目を解剖し、内部がどのようになっているかを調べました。そして人間の目の構造を見事な図で示し、どのように機能するかを説明したのです。

　アルハゼンは、月が地平線近くにあると大きく見えるのは、樹木など大きさを比較できる事物が同時に視野に入るため、月が実際よりもはるか遠くにあるかのように感じるからだと主張しました。月が空高く昇っていると比較の対象がないため、より近くにあるように見えてしまい、小さいと感じるのです。

カメラ・オブスクラ

　日光がつくる影の縁がはっきりしているのを見たアルハゼンは、光は常にまっすぐ進むに違いないと考えました。そしてこの説を納得がいくよう実演するため、カメラ・オブスクラ（「暗い部屋」の意）をつくりました。アルハゼンがつくったカメラ・オブスクラは、狭く暗い部屋の一方の壁に小さな穴を開け、反対側の壁にスクリーンを設置したものでした。エジプトの強い日差しが外の世界を照らし、光が小さな穴を通ってスクリーンに像を描きました。像は上下左右が逆でしたが、外の景色を鮮明に映し、事物が動く様子やその色までもはっきりと見せてくれました。人々は驚きました。それまでこのような像を

見たことがなかったのです。

　アルハゼンの説明によれば、像を映すには、外光が小さな穴を真っすぐ通り抜けてこなければなりません。さもないとはっきりとした像にはならず、さまざまな色がゴチャゴチャに混ざっただけの、意味のないものになってしまうのです。

　さらにアルハゼンは、暗くなってからカメラ・オブスクラの実験を行いました。明かりは外に吊るした3つのランプだけでした。このとき部屋の中のスクリーンには、3つのランプから届いた3つの光点が映し出されていました。アルハゼンが手を伸ばして光線を遮るだけで、3つの光点のいずれか1つだけを自由に消せました。これにより、光線が壁の穴を真っすぐ通り、個々の光点になったことが示されたのです。光が直進することを示す、かつてなく明確な実演でした。

『光学の書』

　アルハゼンはレンズ、鏡、反射、屈折についても実験を行い、理論と実験の経緯を『光学の書』にまとめました。『光学の書』は実験科学の最初期の書物であり、何世紀も後にレオナルド・ダ・ヴィンチ、ガリレオ、デカルト、アイザック・ニュートンから賞賛されています。アルハゼンの全著作は200作以上におよび、そのうち50点ほどが現存しています。

　しかしアルハゼンについて特筆すべきことは、著作の数ではなく、最初の科学者と呼ぶにふさわしい人物であったことです。他の著作者の主張には懐疑的に接し、物理現象を系統的に観測し、観測結果と理論の関係をもとに考察するという態度をとったアルハゼンは、科学的手法の基礎をつくったと評価されています。最後にアルハゼンの言葉を紹介します。

　「真理に到達することを目的とするなら、科学的著作物を精査する者には、その著作の敵となる義務が課せられている……あらゆる方向から主張を攻撃するのである。さらに、自分は批判的に精査しているだろうかと、自分自身にも疑いの目を向けねばならない。先入観や甘さを持たないようにするためである」

虹はなぜあのような色なのか？

光の道筋の解明

テオドリクは1250年以前にドイツで生まれ、ドミニコ会の修道士になりました。1293年から96年にかけてドイツの教会管区で高位に昇り、1304年にツールーズの総会で総長アイメリクから虹の科学的研究に取り組むよう求められます。

テオドリクは、確立している秩序や教義だからといって無条件にしたがうことはしない、自立心のある人物でした。例えば、当時のカトリック教会では典礼にラテン語を用いるのが普通でしたが、会衆が説教を理解できるよう、テオドリクは説教をドイツ語で行いました。

自立的な物の見方をするテオドリクですから、研究は真剣かつ科学的に行われました。また議論の進め方も、風聞ではなく可能な限り実験結果に依拠していました。

色についての誤った理論

色に関してのテオドリクの理論は、実験から導いた独特なものでしたが、完全に間違っていました。現在の私たちは、光のスペクトルは赤−橙−黄−緑−青−藍−紫というように連続したものだとわかっていますが、テオドリクは基本となる4色（赤、黄、緑、青）によって構成されると考えたのです。そして赤と黄は「透明度が高い」半透明の色、青と緑は「透明度が低い」不透明な色だとしました。

そしてテオドリクは、ガラスの縁に近い部分や水面近くは透明度が高い光の道筋なので、ここから出てくる光は赤になると考えました。ガラスの縁や水面から離れて内部に入るにしたがい、そこを通る色は黄になります。より内部は透明度が低い色が通りやすい道筋であり、そこから出てくる光は緑になります。そしてさらに内側の透明度がより低い部分は、青い光の筋道になると考えました。

1307 年頃の研究

● 研究者‥‥‥‥‥‥‥‥‥‥‥
　フライブルクのテオドリク
● 研究領域‥‥‥‥‥‥‥‥‥‥
　光学
● 結論‥‥‥‥‥‥‥‥‥‥‥‥
　光には道筋がある。

光の屈折と反射

　テオドリクはこの考えを試すため、日光をガラス製のプリズムに通してみました。彼は透明度が高い色はプリズムの表面近くで屈折し、透明度が低い色はプリズムの奥で屈折するだろうと予想しました。予想通りであれば、赤はプリズムの表面近く、青は奥深くを通るはずです。プリズムは中央部が最も厚く、透明度が低い光の道筋になるからです。そこでテオドリクは赤、黄、緑、青の順に光が並ぶと考えたのです。

　六角形のプリズムを通して太陽を見たり、プリズムを通した光をスクリーンに当てると、色は予想通りの順番で並んでいました。テオドリクが書いた図を調べると、光がプリズムに入ったときと出るときの2回屈折すること、そして各色の光はプリズムの中から出てくるのだと理解していたことがわかります。図には、プリズムの中で光が反射する可能性も示されています。

光の道筋

　テオドリクは大きな丸底フラスコで雨粒を再現してみることにしました。水で満たしたフラスコ越しに太陽を見ながら、頭を上下に動かしてみたのです。するとプリズムのときとは逆の順序で色が並んでいました。赤を一番上、青を一番下にして本物の虹と同じ並び方です。テオドリクは、順序が逆になったのは、光線がフラスコの中で2回屈折しただけでなく、反射もしているからだと気づきました。彼の気づきは、残された図からはっきりと読み取れます。

　テオドリクは、特定の色の光線はフラスコの中で決まった道筋を通り、その道筋を通る過程で色がつくのだと指摘しました。単に見る人の目が色を感じているのではなく、光そのものに色がついているというのです。

　さらに彼は、太陽光が雨滴の中を通るのは、ちょうど水の入ったフラスコの中を光が通るのと同じだと主張します。そして雨滴が非常に速く落下し、次の雨滴が絶え間なくやって来るため、雨滴によるカー

テンが空中にとどまっているのと同じ効果をもたらすのだと考えました。

　残念ながらテオドリクの図では、太陽と雨滴は観測者からほぼ同じ距離にあるかのように描かれています。そのため雨滴に届いた太陽の光線が平行になっていないのです。ただし基本的な考え方は正しく、なぜ虹が円弧を描くかを理解するのに役立ちます。

　実際には、太陽ははるかかなたにあります。最初に、太陽、観察者の頭、地面にできた影の頭の部分が1本の「直線」上に並んでいると想像してください。虹は常に、この「直線」との角度がほぼ42度になる位置に出現します。そのため太陽が水平線上にあるときに虹は最も高い位置（仰角42度）に見えますが、観察者の位置が低いため円の一部である円弧の形に見えるのです。もし飛んでいる飛行機や高い山の上から見れば、完全な円の形をした虹が見られるかもしれません。

　また、虹の端にたどりつくことはできません。物理的な何かがあるわけではないからです。虹は空に描かれた円弧に過ぎず、しかも観察者が移動するにつれて、虹の位置も動いてしまうのです。

　テオドリクが虹の最も高い部分の仰角を測ったところ22度でした。しかし実際の角度は42度です。彼には角度を正確に測る能力があったはずですので、これは不思議な結果と言わざるを得ません。

色の並びの反転

　テオドリクがガラス製のフラスコを適切な角度で置くと、第2の虹（副虹）が出現しましたが、色の並び方は最初の虹（主虹）とは逆になっており、青が一番上に来ていました（テオドリクは虹の色を赤、黄、緑、青と認識していたことに注意してください）。彼は、光線が雨滴の中で2回反射したため順番が逆になったと考えました。

　テオドリクの屈折と色に関する理論、そして虹が見える角度の計測は救いようがないほど間違ったものでした。しかしテオドリクは、モデル（この場合はフラスコで水滴を模しています）と科学的手法（仮説を立てて実験で検証しました）をいかに使えばよいかという、見事なお手本を示したのです。

第2章 啓蒙主義

1308年〜1760年

　暗黒時代と言われる中世においては、哲学者さえキリスト教の圧力に屈し、その教義を受け入れざるを得ないような状況でした。「なぜこのような現象が起きるのか」という問いに対する答えは、「神のご意志による」ものだったのです。やがて少数の人々が、より論理的な説明を求め始め、自らの理論を実験で確かめるようになります。イングランドの哲学者フランシス・ベーコンは1620年代の著作で、実験で得られた証拠をもとに研究を進める実験科学を奨励しています。

　すでにロバート・ノーマンとガリレオは実験を強力な武器として用いており、多数の科学者がこの動きに追随しました。アイザック・ニュートンが初めての科学論文でその優れた思考能力を見せつけたのをはじめ、さまざまな研究者たちが光の速さ、音の速さ、氷が溶けるときに必要とされる潜熱の研究に取り組んでいます。しかし、この時代の研究の中でひときわ高くそびえ立つ成果は、やはりニュートンの著書『自然哲学の数学的諸原理（プリンキピア）』（1687年）でした。

1581 年の研究

- 研究者・・・・・・・・・・・・・・・・・
  ロバート・ノーマン
- 研究領域・・・・・・・・・・・・・・・
  地学
- 結論・・・・・・・・・・・・・・・・・・・・・
  方位磁針が自由に動くよう
  にしておくと、水平にはな
  らず下を向く。

磁北はどこか？

方位磁針を追って

　ロバート・ノーマンは20年近くを船乗りとして過ごし、その後イングランドのロンドン近郊に腰を落ちつけました。航海用具をつくる職人となり、特に方位磁針の製作を得意としました。ノーマンが方位磁針にこだわったのは、船乗りにとって最も大事な航海用具だからです。ノーマンの磁針の製造法は、鉄でつくった針を磁鉄鉱の塊で叩いて磁化させるという方法でした。磁鉄鉱は、自然に産出する磁性を持つ鉱物でマグネタイトとも呼ばれます。

　ノーマンは磁気変動——磁針が常に北を指すとは限りません——についてはすでによく知っていましたが、新たに「伏角」を知るようになります。ノーマン自身は伏角を「偏角」と呼んでいました。伏角を研究するようになる経緯を、ノーマンは生き生きとした文章で書き残しています。

　ノーマンは磁針をつくる中で、重心がちょうどよい位置にある最高傑作であっても、北を指しながら傾いてしまうため、南側を重くして水平になるようにしなければならないことに気づきました。ある日、やはり上出来の磁針と針を載せるピボットをつくったのですが、磁針の傾きが強くなってしまいました。そこで、磁針の北端を削って軽くすることにしました。ノーマンは次のように記しています。

　「さんざん苦労したあげく、磁針を極端に短くして使い物にならなくしてしまった。腹立たしくなったので、この現象を徹底的に調べることにした」

現代では、この現象は伏角があるためだと判明していますが、ノーマンはまず原因の追究から調査を始めました。単に何らかの磁性体があるために磁針が傾いたのでしょうか。それとも磁針の北端が、磁鉄鉱から「何か重い物質を吸収した」のでしょうか。

最初の実験用磁針

ノーマンは上皿秤の片側に鉄の小片を載せ、反対側に鉛を載せてバランスをとりました。それから磁鉄鉱で鉄を磁化させ、秤の皿に戻しました。この実験の結果をノーマンは次のように記しています。

> 「（このように実験すれば）鉄の小片は、磁化させる前より少しも重くなっていないことがわかるだろう。また、磁針の北端に磁鉄鉱から何かが付着して重くなったとすれば、南端にも磁鉄鉱の反対側から何かが付着するはずであり、磁針のバランスが崩れて傾くことはないはずである」

ワイングラスでの実験

「では、鉄か鋼の針金を2インチ強（約5㎝）の長さに切り、それを密度の高いコルクの小片に刺してみよう。コルクは、針金を刺しても水底に沈まない程度の大きさにしておく。コルクだけを水に入れたときに、水中にとどまって浮きも沈みもしなければちょうどよい大きさである」

「それから十分な深さがあるグラス、ボウル、カップなどの容器を用意してきれいな水で満たし、揺れたり風が当たったりしない場所に置く。ここまでの準備ができたなら、針金に合わせてコルクを慎重に少しずつ刻んでいく。針金を刺したコルクを水に入れると全体が水中に沈み、水面から2、3インチ（約5～7.5㎝）下でとどまるようにするのが望ましい。このとき針金が水面と平行になるように注意し、どちらかの端が浮き過ぎ（沈み過ぎ）て傾くことがないようにする。ちょうど、天秤ばかりのバランスをとって、棒を水平にするようなものである」

別の言い方をすれば、針金をコルクに突き刺した後、ノーマンはコルクを注意深く削りとり、針金をぎりぎり浮かせられる大きさまで小さくしたのです。上記のノーマンの記述では、針金とコルクが水面下にとどまっていたかのように書かれていますが、事実とは異なるはずです。実際は辛うじて水面に顔を出す位置で浮いていたと思われます。
　続いてノーマンは、針金が刺さったコルクを水から取り出して針金を磁鉄鉱で打っています。このとき、針金の北端は磁鉄鉱のN極で、南端は磁鉄鉱のS極で打ちます。そして磁化した針金（磁針）が刺さったコルクを水に戻します。

　　「……すると間もなく、コルクを中心として磁針が回転し、すでに記したような傾きを見せるだろう……」

　磁針の向きが左右だけでなく上下方向にも変えられる——3次元の動きが可能な——、非常に優れた実験方法です。磁針は最も強い磁力を発しているものを指すことができます。ノーマンは3次元に動く磁針を機械的に実現することはできませんでした。軸受などにあまりにも大きな摩擦力が働くためです。

緯度を測る
　ノーマンの目標は、伏角を測ることで緯度を直接計測できる器具をつくることでした。北極に近づくにつれて次第に伏角が大きくなると仮定するのは、筋が通ったことだと思われました。残念ながらことはそれほど単純ではありませんが、ノーマンは格好の良い伏角計をつくりました。
　続けてノーマンは、現代では磁鉄鉱の磁場と呼ばれるものを考察しています。「そして、これは私の見解だが、この効力［磁力］を何らかの形で人間の眼で見られるようにすれば、巨大な羅針盤の中の磁針を中心に球形に効力が広がっていることは間違いない……」
　ノーマンの考え方は見事なものですが、2、3年後にウィリアム・ギルバートが出した結論まで一気にだとりつくことはできなかったのです。ギルバートは、地球自身が巨大な磁石になっており、大きな磁場を形成していると見抜いたのです。地球こそが、まず第一に磁針を引きつけている存在なのです。

大きいものと小さいもの、どちらが速く落下するか？

重力と落下の科学

1587年の研究
- 研究者⋯⋯⋯⋯⋯⋯⋯⋯⋯
  ガリレオ・ガリレイ
- 研究領域⋯⋯⋯⋯⋯⋯⋯⋯⋯
  重力
- 結論⋯⋯⋯⋯⋯⋯⋯⋯⋯⋯⋯
  物体を自由落下させると、質量に関係なく同じ加速度で落ちていく。

　ガリレオ・ガリレイは、その生涯の大半をピサ、パドヴァ、フィレンツェの3つの町で過ごし、初期の実験科学において輝かしい金字塔を打ち立てました。明晰で論理的な思考方法で世界を見つめたガリレオは、「自然は⋯⋯いくつもの手段ではなく、わずかな手段で行っている」と記しています。どちらかの仮説を選ばなければならないときには、前提が少ない方をとるべきだという「オッカムの剃刀」と呼ばれる考え方と通じるものがあります。

　ガリレオはまた「哲学［ここでは科学の意］は数学という言葉で書かれており、その文字は三角形、円、その他の幾何学図形である」とも述べています。

　ガリレオの名が初めて知られるようになったのは1581年で、医学生のときでした。ある日ピサの大聖堂の会衆席に座り、長い説教にうんざりしていたときに、頭上の巨大な青銅製のランプが吹き込んできた風で揺れているのを目にしました。ランプは長い鎖で（大聖堂の）ドームの天井から吊るされており、ゆっくりと横に揺れていたのです。ガリレオは自分の脈拍を利用して時間を計り、ランプが1回揺れるのにかかる時間は、振れ幅に関係なく常に一定であることに気づいて驚きました。1メートル近く大きく揺れるときも、数センチしか揺れないときも、かかる時間は同じなのです。

振り子での実験

　帰宅したガリレオは、糸の先端につける重りの重さを変えて何種類かの振り子をつくり、研究を始めました。すると振り子の振れ幅や重りの重さを変えても、揺れるのにかかる時間にたいした違いはないことが判明します。違いが生じるのは唯一、糸の長さを変えたときだけでした。振り子の周期（左右に揺れて同じ位置に戻ってくるまでの時間）を2倍にするには、糸の長さを4倍にする必要がありました。なお、

今では周期を t［秒］、糸の長さを l［cm］、重力加速度を g［cm/s²］（正確には981cm/s²）とすると $t=2\pi\sqrt{l/g}$ という式で求められることがわかっています。

ガリレオは、振り子は時計の進み方を調整するのに最適であることに気づきます。さっそく時計を設計しますが、1642年に死去するまでにつくられることはありませんでした。初の振り子時計は、ガリレオの死から15年後にオランダの博学なクリスティアーン・ホイヘンスの手によってつくられました。

落下する物体

1589年にピサの大学で数学の教授になったガリレオは、アリストテレスの主張、ことに落下する物体に関する記述を検証し始めました。アリストテレスは重い物体は軽い物体よりも速く落下すると主張し、その例として、ある重さの石とその倍の重さの石を比べれば、重い方の石が倍の速さで落下するとしていました。

アリストテレスの主張に疑問を持ったガリレオは、実験で確かめることにします。伝説では、ガリレオはピアッツァ・デイ・ミラーコリにある有名なピサの斜塔に登り、最上階からさまざまな重さの球を落として落下する速さを調べたことになっています。しかし、このような方法では、うまく実験できなかったはずです。2つの物体を同時に落とすのは簡単なことではなく、物体が地上に達したときにはかなりの速さになっており、利用可能な記録をとるのが困難なのはもちろん、いつ何が起きたかを把握するのさえ不可能です。

斜面での実験

現在知られているのは、ガリレオが角材に溝を彫り、溝を磨いて凹凸をなくした後に羊皮紙を貼った実験器具をつくったという話です。ガリレオは角材の一端を持ち上げて、よく磨いた真ちゅうの球が溝の中を転がるようにしました。斜面にすることで落下する速さを抑え、どれほどの速さで球が落ちるか計測できるようにしたのです。

しかし当時は正確な時計がなかったため、どのように時間を計るかが難題として残っていました。最初ガリレオは自分の脈拍を利用しましたが、その後、水時計を使うようになりました。さらに後には、音を利用しています。斜面の上に小さなベルを並べて設置し、転がる球

が下を通過してベルに触れると、ベルが鳴るよう工夫したのです。ベルの音を聞けば、球の速さをある程度正確に推測できました。

　ガリレオはベルを斜面に沿って等間隔に設置し、球を転がしてみました。すると、ベルが鳴る間隔は、球が下に行けば行くほど短くなったのです。言いかえれば、球は転がっていくにしたがい、速さを増していったに違いないのです。ベルの位置をいろいろと変えてみたガリレオは、次のベルまでの間隔を上から順に1、3、5、7、9とした場合に、ベルが同じ時間を置いて次々と鳴ることを発見します。このベルの配置を調べると、スタート地点からの距離が1、4、9、16、25になっていることがわかります。つまりガリレオが実験で示したのは、球がスタートから1秒後までに1の距離、2秒後までに4の距離、3秒後までに9の距離、4秒後までに16の距離、5秒後までに25の距離を進んだということです。球が進む距離は、時間の2乗に比例しています。

等加速度の運動

　ガリレオは、球が一定の割合で速くなっていることに気づきます。ガリレオの言葉では「静止した状態から始めた場合、同じ時間内であれば同じだけ速さを増す」ということです。

　ガリレオは運動方程式を利用できませんでしたが、数十年後にニュートンは運動方程式を使っています。しかしガリレオは、重い球と軽い球がどちらも同じ速さで斜面を転がることを示しました。アリストテレスの説は完全に間違っていたのです。

1648年の研究

- 研究者
  ブレーズ・パスカル
- 研究領域
  気象学
- 結論
  高度が上がるにしたがって気圧が下がる。

山頂では空気は薄くなるのか？

大気圧の変化

　フランスの中央高地に位置するクレルモン＝フェランで生まれたブレーズ・パスカルは、幼少から神童と呼ばれ、後に数学者、哲学者になりました。機械式計算機を独自に考案して製作したほか、純粋数学の先駆者となり確率論の研究に取り組んでいます。このパスカルが、ガリレオとトリチェリの業績に関心を持ったことが、大気圧の変化の発見へとつながりました。

ガリレオとトリチェリ

　ガリレオは1642年に亡くなる前に、トスカーナ大公お抱えのポンプ職人から、ポンプで水を吸い上げられるのは高さ約10mが限度だという話を聞きました。不思議に思ったガリレオは、弟子のエヴァンジェリスタ・トリチェリと議論しています。なお、トリチェリはガリレオの最期を看取った人物です。

　トリチェリはこのポンプの問題を掘り下げることにしました。密度が水の14倍ある水銀を使って実験することで、1mに満たない高さでも同じ現象を観察できると考えました。

　トリチェリは片方の端がふさがれた約1mの長さのガラス管をつくらせ、水銀で満たしました。そしてガラス管の口を指で押さえて上下逆さにし、やはり水銀を満たしたボウルに入れたのです。ガラス管の中の水銀が下がり、管の上部に空間ができました。このとき、

トリチェリの実験

034

ガラス管内の水銀柱の高さは、ボウルに入れた水銀の表面から76㎝でした。

このガラス管内にできる空間について激しい議論が巻き起こりました。トリチェリは真空だと主張しましたが、同意する者はわずかしかいませんでした。アリストテレスが「自然は真空を忌み嫌う」と言ったように、何もない真空状態はありえないと信じられていたのです。

もしトリチェリが天候によって水銀柱の高さが上下することに気づいていたなら、この水銀柱の実験により、事実上の気圧計をつくったことになります。しかしトリチェリは1647年にこの世を去り、さらなる研究はできませんでした。

パスカルの実験

ブレーズ・パスカルはトリチェリの実験に興味をひかれ、水銀を他の液体に代えて実験してみました。パスカルは、水銀柱を支えてボウルの水面よりも上に持ち上げているのは何だろうかと思案しました。ボウルの水銀を上から押している空気の重さでしょうか？ それでは、ボウルの水銀の上の空気の総量が減る山頂では、空気が水銀を押す力も弱まるのでしょうか？ パスカルは、山頂では水銀の柱の高さは低くなると大胆に予言しました。

パスカルは義兄のフロラン・ペリエを説得して標高1000mのピュイ・ド・ドームの山頂で実験を行うことにしましたが、ペリエからは質問攻めにされています。ピュイ・ド・ドームはフランス中央部のクレルモン＝フェラン近郊に位置する、長期に渡り活動が停止している火山です。1648年9月19日午前8時、パスカルの代わりに実験を行うことになったペリエ一行が、ふもとの修道院を出発しました。ペリエは修道院で水銀柱の高さを測っています。「水銀柱は容器の上、26インチと3.5ラインのところにあった」（1ラインは1/12インチです）。

若干名の助手を引き連れたペリエは、1.3mの長さのガラス管と水銀7kgを苦心して山頂に運び上げます。そしてペリエは「水銀柱がわずか23インチと2ラインの高さにしかならないことを知り……山頂の異なる場所で注意深く5回実験をくり返したが……いずれにおいても水銀は同じ高さになった」。つまり、山頂では確かに大気圧が下がっていたのです。

パスカルの原理

こうしてパスカルは、自分の理論を裏づける強い証拠を手にしました。水銀柱と水柱を支えていたのは、本当に大気圧でした。現代の私たちは、海面での大気圧がおよそ15ポンド毎平方インチ（単位はpsi）、すなわち100パスカル（単位はPa）を少し超える程度だと知っています。1Paは1平方メートルに1ニュートンの力がかかる圧力です。

100Paは1平方センチに1kgの力が作用する圧力ですから、皆さんの手の爪ひとつ1つに1kgの圧力がかかっていることになります。幸いなことに、爪の裏や指の周りのすべてから1kgの圧力がかかっているため、バランスが保たれているのです。

パスカルはさらに、液体の柱の底部にかかる圧力は、柱の高さに比例することを実験で示しました。言い伝えによれば、パスカルは実験のために10mの長さの細い管を用意し、管の下部を水を満たした樽に入れて垂直に立てました。そして管の上部から水を注いでいくと、やがて樽が破裂したそうです。

パスカルは、液体で満たされた閉じた容器の中では、圧力はすべての方向に同じ大きさで伝わることも示したのです。現代では「パスカルの原理」と呼ばれています。パスカルの発見は、注射器や液圧プレスの発明につながりました。

樽を使った
パスカルの実験

なぜタイヤを
空気で満たせるのか？
気圧と真空の力

1660年の研究
- 研究者……………………
  ロバート・ボイル、ロバート・フック
- 研究領域……………………
  空気力学
- 結論……………………
  気体の体積は、気体にかかる圧力に反比例する。

　初代コーク伯の7番目の息子であるロバート・ボイルは、1627年1月25日にアイルランド南岸のリズモア城で生まれました。10代でフランス人家庭教師とともにヨーロッパを旅し、ガリレオ（1642年没）のもとを訪れています。帰国したボイルは科学者になろうと決意し、ロンドンとオックスフォードで会合を開いていた「インヴィジブル・カレッジ」に加わりました。インヴィジブル・カレッジは「新しい哲学」を育てるための科学者の集まりで、後に自然科学の発展を目的としたロンドン王立協会という科学学会になりました。現在ではロイヤル・ソサイエティと呼ばれています。

マクデブルクの半球

　マクデブルク（現在はドイツの都市）の市長で研究熱心な科学者でもあったオットー・フォン・ゲーリケは、1654年に真空ポンプを発明して製作しました。ゲーリケはこのポンプを使って真空の力（正確には大気圧の力）を実演したのです。1657年、中をくり抜いた30cmほどの大きさの真ちゅうの半球2つを組み合わせて球状にし、内部の空気をポンプで抜くという実験を行いました。球状になった半球2つはぴったりとくっつき、左右それぞれに複数の馬をつないで引いても離れませんでした。ゲーリケがポンプで内部に空気を入れると、球はすぐに2つに分かれました。

　一方ボイルは、アイルランドの土地の一部と財産を相続し、オックスフォードに居を

> マクデブルクの半球

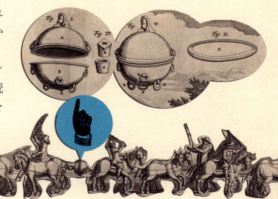

構えていました。トリチェリとパスカルの実験（34ページ参照）を知っていたボイルは、「マクデブルクの半球」の実験の話を聞くと、助手としてロバート・フックを雇い、真空ポンプをつくりました。このポンプを用いた一連の実験を、ボイルは『空気のばねとその効果に関する新しい物理学－力学的実験』という著書にまとめて1660年に刊行しました。

真空ポンプでの実験

　ボイルとフックは、お手製の真空ポンプで大きなガラス鐘の中の空気を、ほとんどすべて抜きとることができました。ほぼ完全な真空を実現できたのです。ガラス鐘内部の気圧は、通常の大気圧の10分の1以下だったと思われます。ボイルとフックはこのガラス鐘の中にさまざまな実験装置を整えてから、ポンプで空気を抜くことで、以下のような結果を得ました。

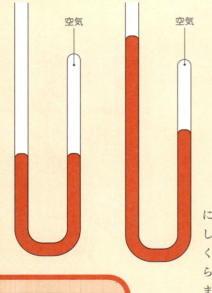

- ろうそくの炎が消えた：したがって火が燃え続けるのには空気が必要である。
- 中で鳴り続けていたベルの音が聞こえなくなった：音を伝えるには空気が必要である。
- 赤く熱した鉄は赤熱したままだった：空気は光を伝えるのに必要ではない。
- 中に入れておいた鳥1羽と猫1匹は死亡した：空気は生命を維持するのに必要である。

J管を使っての実験

　ボイルとフックは、左図奥のように、J型の管の端に空気を入れて水銀（図中の赤い部分）で閉じ込めました。このJ管をまるごとガラス鐘に入れて空気を抜くと、水銀にかかる圧力が減るため、J管に閉じ込められた空気（白い部分）にかかる圧力は減少します。また、左図手前のように水銀の量を増やせば、J管の中の空気にかかる圧力を増やせます。

　2人は圧力を減らせば体積が増え、圧力を増やせば体積が減ることに気づきましたが、この時点では、ボ

イルは詳細な記録を残しませんでした。

　同時期にランカシャーのタウンリー・ホールに住むリチャード・タウンリーが医師のヘンリー・パワーとともに独自の実験を行っていました。タウンリーらもJ管を使っています。1661年4月27日には「谷底の空気」をJ管の中に閉じ込め、300m上のペンドル・ヒル山頂まで持って行きました。山頂では大気圧は低くなるため、タウンリーらはJ管の中の空気の体積が増えたと記録しています。続いて「山の空気」をJ管に閉じ込めて山を下ったところ、J管内の空気の体積はふもとでは減少していました。

　その冬に、タウンリーはボイルとこの実験について話し合い、体積と圧力には反比例の関係があるのではないかと指摘します。ボイルは体積をきちんと計測する実験を独自に実施し、細かく記録をとりました。そしてJ管内の（一定質量の）気体の体積は、その気体にかかる圧力と反比例の関係にあるという結論を出します。これが「ボイルの法則」として知られるようになりますが、フックもボイル自身も、そしてアイザック・ニュートンもまた「タウンリー氏の仮説」と呼んでいたのです。

空気のばね

　ボイルは、空気は羊毛が輪になったような（ばね状の）小さな粒子が集まったものだと考え、圧力が高くなるとこのばね状の粒子が圧縮され、圧力が減ると再び伸びるのだと考えました。そのため、ボイルは「空気のばね」という言葉を使ったのです。「ばね状の物質」というボイルの考えは誤っていますが、気体があたかもばねのような働きをする点を利用して、現代では自動車や自転車に空気入りのタイヤを装着し、道路の凸凹によって生じる衝撃を緩和させています。

気圧計

　トリチェリは、実験で用いた水銀柱の高さが常に一定ではないことに気づかなかったと言われています。ボイルとフックは気づいており、高さの変化は潮の干満が原因ではないかと疑っていました。ボイルらは水銀柱の高さを調べましたが、潮の干満との関係は見出せませんでした。代わりに、晴天の日には水銀柱が高く、天気が悪い日、特に嵐の日には水銀柱が低いことを発見します。そのため、たとえトリチェリが道筋をつけたとしても、気圧計を本当に発明したのはボイルとフックなのです。

1672年の研究

- **研究者**··················
  アイザック・ニュートン
- **研究領域**··················
  光学
- **結論**··················
  白色光は、虹の色を構成するすべての色が混ざったものである。

「白」は色なのか？

白い自然光を分解する

　アイザック・ニュートンは病弱な子どもでした。1642年のクリスマス・イヴを過ぎて25日になってから生まれましたが、夜を越せず朝までに亡くなるだろうと思われるほどの未熟児でした。3歳のときに父親が亡くなると、母親は裕福な牧師と再婚するためにニュートンを残して家を出て行きました。残されたニュートンは母方の祖父母に引きとられましたが、決して面倒見のよい祖父母ではありませんでした。ニュートンは孤独のうちに内省的な少年に成長しましたが、虹の色から月や地球の軌道にいたる幅広い問題に対する、類まれな探究心を身につけたのです。この探究心が、ニュートンを史上空前の大科学者にしたのでしょう。

　ニュートンは1660年代後半に自作の反射望遠鏡の第1作目——実際に製作された世界初の反射望遠鏡でもあります——を設計・製作し、後に2作目をつくりました。望遠鏡の2作目をつくる前に、ニュートンはケンブリッジ大学のルーカス数学講座の教授に就任しており、講義では自分の望遠鏡を題材にしています。ニュートンの望遠鏡を目にした王立協会は、ニュートンをフェローに推薦するとともに、他にどのような研究成果があるのかを尋ねました。ニュートンは1672年2月6日、この質問に手紙で答え、プリズムを使った実験の詳細を発表したのです。

分光スペクトル

　「部屋を暗くしておいてから窓板に小さな孔を開け、太陽光を細く採り入れた。そして孔から入ってくる太陽光が通る位置にプリズムを置き、屈折した光が、窓の向かい側の壁に当たるようにした」

　このようにプリズムを設置したところ、光の帯は、孔から入ってきたときの5倍の幅に（細長く）なって壁を照らし、ニュートンを驚かせました。ニュートンはプリズムの位置をさまざまに変えてみました。窓板の外に置いてみたり、光がプリズムの厚い部分だけを通るようにしてみたり、

窓板の孔を大きくしてみたりしました。しかしどのように条件を変えても、壁に映る光の帯は細長いままでした。そこでニュートンは、太陽光がプリズムで屈折するため、光の帯が細長くなるに違いないと結論を出します。

　ニュートンは部屋の寸法を注意深く測り、屈折角を計算しました。そして青い光の屈折角は赤い光の屈折角よりも大きいことを確認したのです。ニュートンは光の帯に、赤、橙、黄、緑、青、藍、紫の7色のスペクトルが見えると指摘しました。当時、プリズムで遊んでいたほとんどの人は、色合いに違いはあったものの、青しか認識していませんでした。ニュートンは藍や紫を識別できるほど目がよかったか、あるいは7色の光が見えるはずだと確信していたのかもしれません。7という数にニュートンは、神秘的とも言える重要性を感じていたのです。

　「それから私は、光線は曲線を描いて進まないのだろうかと疑問を持った。壁に映る各色の部分は、多かれ少なかれ（入射光が）曲がっていることを示していたからである。疑問がふくらんできたときに、ゆがんだラケットでテニスボールを打つと、ボールがこのように曲線を描いて飛ぶことを思い出した」

　回転しているテニスボールの各部分には、空気抵抗が不均等にかかります。光は多数の球状の粒子（ニュートンによれば「小さな粒子」）で構成されると信じていたニュートンは、光にも同様のことが起きたのだろうと推測しました。ただし後に、光線が実際は直進することを自らの実験で確認することになります。

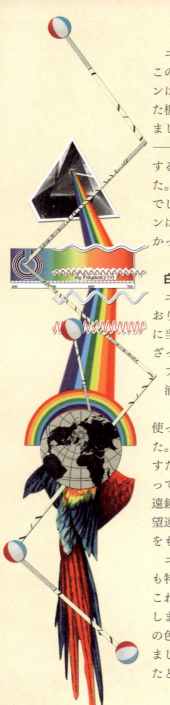

　ニュートンは自説を検証するための実験に取りかかります。この実験をニュートンは「決定実験」と呼びました。ニュートンは先ほどの実験設備のプリズムと壁の間に、小さな孔を開けた板を追加し、7色の光のうち1つだけを取り出せるようにしました。2枚目の板の孔に特定の色——仮に緑としましょう——の光だけを通し、新たに加えた第2のプリズムに導きます。すると光は第2のプリズムで屈折し、壁に緑色の光を映しました。屈折角は、最初のプリズムで緑の光が示した屈折角と同じでした。また、壁に映った光は緑色のまま変わらず、ニュートンは光の色を変えることも、複数の色に分解することもできなかったのです。

白色光とは何だろうか？

　ニュートンは、太陽光は「屈折性の異なる光線が合わさっており……それぞれの光線はその屈折性に応じて壁の異なる部分に当たる」としています。つまり白い太陽光はすべての色が混ざったものであり、それぞれの色の光の屈折角が異なるため、プリズムを使えば分離できるというわけです。「降り続く雨滴に虹が色を成して見える理由もこれで説明できる」

　最後にニュートンは、レンズ（または第2のプリズム）を使ってすべての色をもう一度混ぜ合わせ、白色光をつくりました。この実験とは別にニュートンは、望遠鏡から色収差をなくすために反射望遠鏡を考案したことを、4つのパラグラフを使って詳しく述べています。色収差は、レンズを組み合わせた望遠鏡につきものでした。ニュートンは色収差を取り除いた反射望遠鏡を製作し、木星の衛星や三日月型の金星を観測した経緯をも記しています。

　ニュートンはさらに続けて「天然物ごとに、他の天然物よりも特定の（色の）光を反射しやすいという傾向を持っている。これこそが、すべての天然物が色を持つ唯一の理由である」としました。暗くした部屋で、ニュートンはさまざまな物質に種々の色の光を当ててみました。物質をどのような色にも染められましたが、「その物質の太陽光のもとでの色と同色の光を当てたとき、最も生き生きとした鮮やかな色に染まった」のです。

光が進む速さは有限か？

光の速さを求める

　光は非常に速く進みます。実際のところ何百年もの間、光はA地点からB地点まで瞬間的に進み、時間は一切かからないと考えられていたのです。

　しかしガリレオは納得せず、1667年に光の速さを計測しようとしました。ガリレオと友人はそれぞれランタンを持ち、1マイル（約1.6km）離れた別々の山に登りました。ガリレオがランタンの覆いを外し、その光を見た友人は直ちに自分のランタンの覆いを外します。ガリレオは、自分のランタンの覆いを外してから4分の1秒後に、友人のランタンの灯りを目にしました。この時間差は、おそらく友人がガリレオの灯りを見て動作を始めるのにかかった時間でしょう。ガリレオは、光の速さはこのような方法では測れないほど速いという結論を出しました。

　デンマークの科学者オーレ・クリステンセン・レーマーは、20代後半にコペンハーゲンからパリに招かれました。パリでは王家お抱えの数学者となり、ルイ14世の息子の家庭教師を務めました。イタリア人の天文学者ジョヴァンニ・ドメニコ・カッシーニが台長だったパリ天文台で数々の観測も行っています。カッシーニは土星の輪にすき間があり、輪は1つではなく複数からなることを突きとめました。最も外側のすき間は、今日でもカッシーニの間隙と呼ばれています。

木星の衛星

　カッシーニは、洋上で経度を知る方法の研究を続けていました。カッシーニにガリレオが提案した解決法は、木星の4つの大きな衛星を観測するというものでした。これらの衛星は1610年にガリレオが発見したもので、木星の周囲を同じ軌道を描いて回っています。ガリレオが発見した4つの衛星（ガリレオ衛星）のうち最も木星に近いイオは、月とほぼ同じ大きさで、2日弱で木星の周りを1周します。

　洋上の船乗りは、イオが太陽の光に照らされて見えるようになった

1676年の研究

● 研究者‥‥‥‥‥‥‥‥‥
　オーレ・レーマー
● 研究領域‥‥‥‥‥‥‥‥
　光学
● 結論‥‥‥‥‥‥‥‥‥‥
　レーマーの計算によれば、光は1秒間におよそ21万4,000km進む。

時間がわかれば、事前につくっておいた表と突き合わせて、現在自分がいる経度を導き出せます。これは、イオが見えるようになる時間が、地球のどこから観察しているかによってわずかに異なるためです。

　しかしこの方法にはいくつかの問題点がありました。その１つは、イオが現れるまで長時間観測を続けなければならないことです。曇っていれば困難ですし、不可能な場合もあります。また、足場がしっかりとした陸地から衛星を観測するのは容易——双眼鏡か小さな望遠鏡を用意するだけ——ですが、揺れる船上ではほぼ不可能です。これらの理由から木星の衛星観測は、経度の測定方法としては実用化されませんでした。

　それでもパリ天文台の天文学者たちは、イオの出現時間に関する膨大な記録を蓄積していました。そしてカッシーニは、地球上のさまざまな地点でいつイオが見られるようになるかを予測した表を発行し続けていたのです。

周期の変動

　レーマーはこの表に不可解な点があることに気づきました。もともと表の精度には少々疑わしい点があり、補正が必要な場合もありました。しかし特に目を引いたのは、地球と木星の位置関係によって、予測と実測の食い違いがくり返し発生することでした。

　木星とその衛星は数ヶ月間にわたって地球から見えなくなりますが、これは木星が太陽の向こう側に入るか、太陽のまぶしい光に妨害されて観測できなくなるためです。しかし木星が見えるようになっても、その位置は地球から遠く離れています（右ページの図のA）。地球が自身の軌道に沿って動くにつれ、着実に木星に接近し、やがて最接近します（右図のB）。以後、地球は再び木星から離れていきます。

　木星が見えるようになった時点（図中A）と、地球が木星に最接近した時点（図中B）とでは、木星の陰からイオが出現する時間に11分の差がありました。言いかえれば、地球から見える木星が、最も遠い地点にあるときと最も近い地点にあるときで、同じ衛星が見えるのに11分間の差が生じているのです。これは、図のAとBの差を光が進むのに11分間かかるために違いありません。

　レーマーは地球から太陽までの正確な距離を知りませんでしたが、最も信頼できる観測値を使い、光が11分間で進んだに違いない距離

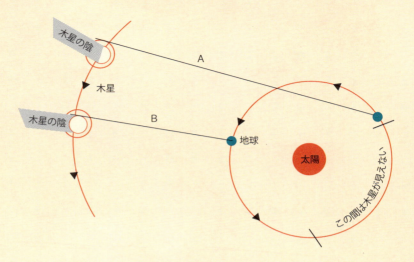

を計算しました。そして、光が進む速さは秒速21万4,000kmと算出したのです。現在明らかになっている光の速さは秒速29万9,792.458kmですから、これよりもおよそ25％遅く見積もったことになります。しかし世界初の計測であることと、当時の計算の困難さを考えれば驚くほど正解に近い値です。

> 天体観測で経度を知る

見事な予言

　レーマーは1676年9月の時点で、11月9日にイオが出現する時刻は、配布されている表よりも10分間遅れるだろうと予言して見事に的中させました。

　このような実績があったにもかかわらず、カッシーニはレーマーの主張を受け入れず、レーマーは自説を公表しませんでした。しかしイングランドを訪れたレーマーは、ニュートンとエドモンド・ハレーが自説を認め支持してくれていたことを知ります。コペンハーゲンに戻ったレーマーは、王室天文官と王立天文台の台長に任命されました。

1687 年の研究

● 研究者⋯⋯⋯⋯⋯⋯⋯⋯⋯
アイザック・ニュートン
● 研究領域⋯⋯⋯⋯⋯⋯⋯⋯
力学
● 結論⋯⋯⋯⋯⋯⋯⋯⋯⋯⋯
力が加わらない限り、物体
は等速直線運動を続ける。

「落下するリンゴ」の逸話は本当か？

運動の法則

イングランドのリンカンシャーはニュートン生誕の地であると同時に、1665年にペストのためケンブリッジ大学が一時閉鎖されたとき、ニュートンが自由な時間を過ごした場所でもあります。ニュートンはここで過ごした18ヶ月の間に、その業績の中でおそらく最も輝かしい科学的成果を達成しました。一匹狼の科学者が、自由に思考に使える時間を手にしたのです。

伝説によれば、ニュートンは木から落ちるリンゴ——今でもニュートンの生家の前に非常に古いリンゴの木があります——を見て、リンゴの実を木から引き落とす何かが作用しているに違いないと考えました。そして地球の引力が、頭上のリンゴの木の先端にまで働いているのだと考えました。それでは地球の引力は、さらに遠くの月に対しても働くのでしょうか？ もしそうなら、引力は月の軌道に影響を与えているでしょう。果たして、本当に月の軌道は引力によって決まっているのでしょうか？

どうやらニュートンは、母の権利証書の裏面を計算用紙代わりにして、計算を始めたようです。そして物体が位置している高さが高くなるほど、物体に作用する引力が小さいことに気づき、地球の中心から物体までの距離の2乗に反比例して、作用する力が少なくなると推測しました。計算結果を確認したニュートンは、「だいたいの答えは出たようだ」と述べています。ニュートンはさらに、このような引力は他の軌道運動にも作用していると考えて「万有引力」と呼びました。

ニュートンはこの考えを公表せず、そのまま20年間が過ぎ去りました。ある日、エドモンド・ハレー、ロバート・フック、クリストファー・レンの友人3人組は、いつものようにロンドンのコーヒーショップに出かけ、太陽の方向に飛び去った彗星の軌道について議論をしていました。フックは自分なら計算できると言ったものの、実際には失敗しています。

ケンブリッジ訪問

ハレーはニュートンの数少ない友人の1人でした。1684年にケンブリッジのニュートンを訪ね、引力の逆2乗の法則を適用するなら、彗星の軌道はどうなるだろうかと問いかけました。ニュートンは即座に、楕円になると答えました。ニュートンによると、以前に彗星の軌道を計算したことがあるが、その計算を書いた紙が見つからないというのです。ニュートンは、問題の計算用紙をみつけてハレーに送ると約束しました。

同年11月、ニュートンは『回転している物体の運動について』という論文を記し、逆2乗の法則が及ぼす効果について説明しました。その後、この論文をもとに大幅に書き加えて第1巻とし、さらに他の研究成果についても第2巻と第3巻にまとめて、記念碑的著作である『自然哲学の数学的諸原理(プリンキピア・マテマティカ)』を1687年に刊行するのです。一般には『プリンキピア』と省略して呼ばれます。

ニュートンはラテン語で書かれたこの難解な書物で、逆2乗の法則と万有引力の概念の2つを説明するだけでなく、ニュートンの運動の法則として知られるようになる3つの法則にも触れています。ただし3法則のうちニュートン自身が発見したのは1つです。『プリンキピア』は古典力学の基礎を築きました。

リンゴのエピソード

古物商であると同時に歴史家、考古学者でもあったウィリアム・ストゥークリは、ストーンヘンジに関する最初期の研究家でもありました。アイザック・ニュートンの友人でもあり、ニュートンの伝記を初めて書いた人物です。ストゥークリは生き生きと(そして誇らしげに)1726年4月15日のできごとを記しています。

「私がサー・アイザック・ニュートンを訪ねたのは……そして1日中ニュートンと過ごした。よく晴れた日だった。夕食後、私たちは庭に出てリン

ゴの木々の下に座り、お茶を飲んだ。いろいろな話題を話したが、物体に働く重力についての概念がひらめいた状況を話してくれたのはこのときだった。ニュートンは、今と同じようにリンゴの木の下に座っているときに、リンゴの実が木から落ちるのを見て概念を思いついたという。どうしてこのリンゴは常に必ず地面に落ちるのだろうか。それも上や横、斜めではなく垂直に下に落ちるのだろうか」

　ストゥークリによれば、これらの疑問が「ニュートンの心の中で渦巻き」、「それからニュートンは深く考え始め、万有引力の法則を発見し、それを天体の動きや物体の凝集力に適用し、宇宙の哲学［科学］を解き明かした」というのです。
　ニュートンの助手だったジョン・コンドゥイットが1727年に刊行したニュートンの伝記でも、リンゴについて触れています。「1666年、ニュートンは再度ケンブリッジを離れてリンカンシャーに引きこもった。庭をあてもなく物思いにふけりながら彷徨っていたニュートンは、重力（この力によってリンゴは木から地面に落ちる）は地球から限られた距離にある物体だけでなく、通常考えるよりもはるか遠くの物体にまで働くのではないかと思いついた」
　つまりニュートンは少なくとも2人の人物にリンゴのエピソードを話していたことになりますが、エピソードがあったとされる日からおよそ60年も後の回想です。断定はできませんが、ニュートンの創作でしかないと思われます。

なぜ話をつくらなければならなかったのか？
　1682年までのニュートンの手紙は、ニュートンが渦動説を信じていたことを示しています。水たまりの中央や、水を満たした容器の底に穴が開いていると、この穴に吸い込まれる水が渦巻きをつくります。渦動説とは、惑星は太陽を中心として、この渦巻きに流される木片のように動いているというもので、もともとはデカルトが提唱した説です。しかし1682年のハレー彗星が、渦動説をくつがえしてしまいます。ハレー彗星は逆行軌道を描く——他の星々とは逆の向きに動く——からです。
　一方、フックは1674年に重力について触れており、軌道計算の問題の解決に近づいています。ニュートンとしては、いかなる問題であっても、フックに負けたと認めるわけにはいきませんでした。ニュートンがはるか後にリンゴのエピソードを創作した理由は、フックよりもかなり前の1666年の時点で問題を解決していたと示せれば、フックに先んじていたと言い張れるからに過ぎないのかもしれません。

熱い氷…？

熱流体の性質

　ジョゼフ・ブラックはスコットランドに相続財産があったものの、生まれたのはフランス南部でした。ワイン商だった父親がボルドーに別宅を持ち、その近くにブドウ園と家屋を保有していたのです。
　ブラックはベルファストの学校に入りましたが、温暖な気候のボルドーで育ったブラックにとって、寒冷なベルファストは過ごしにくかったに違いありません。ブラックはグラスゴー大学に進学して科学と医学に没頭します。そして1750年代前半、博士号取得のため研究をしていたブラックは「固定空気」の分離に世界で初めて成功しました。これは、現在では二酸化炭素と呼ばれている気体です。

雪解け

　1755年と56年の冬はことのほか寒い冬でした。1757年にグラスゴー大学教授になったブラックは、氷や雪が解ける現象に興味を抱き始め、講義で次のように述べています。

> 「氷や雪が解ける過程に目を向けると……最初はいくら冷たかったとしても、すぐに融点まで温まるか、表面の部分は解けて水になり始める。もしも……わずかな熱が追加されるだけで全体が水に変わるなら、もとの氷がかなりの大きさであったとしてもごく短時間で溶けきってしまうはずである……本当にそうならば……雪解けの激流や河川の氾濫による被害は、現在とは比較にならないほど深刻化し恐ろしいものになるだろう」

1760年の研究

- 研究者
  ジョゼフ・ブラック
- 研究領域
  熱力学
- 結論
  氷を水に、水を水蒸気に変えるには熱が必要である。

雪と氷が何週間、ときには何ヶ月も解けずに残っていることを知っていたブラックは、氷雪は簡単には解けないと結論を述べています。いったい、なぜなのでしょうか。

観察したブラックは「温度計を使わなくても、熱い物体から周囲への熱の拡散が、温度が一様になるまで続くことがわかる……そして熱は平衡状態に至るのである」と述べています。

ブラックは温度計を使い、1ポンド（約0.5kg）の湯を同重量の冷水に加え、温度が両者の中間ぐらいに落ちつくことを示しました。

次にブラックは、氷で同様の実験を行いました。大きさも形状も同じ2つのフラスコに水を入れます。片方のフラスコAは氷点の0度近くまで冷やし、もう一方のフラスコBは摂氏0度以下に冷やして水を凍らせます。そして2つのフラスコを静かな部屋に並べて置き、内部の水の温度が室温になるまで待つのです。フラスコAの水の温度は30分ほどで室温まで上昇しましたが、フラスコBの場合は10時間以上かかりました。氷が水になるために熱を必要とし、水になってからようやく室温まで上昇できたことは明らかです。

潜熱

ブラックは手で触って感じられる熱——温度計で計測できる熱——を「顕熱」（または感熱）と呼び、氷が水になるために余計に必要とした熱を「潜熱」と名づけました。この場合の「潜」は、「ひそむ」という意味です。

ブラックは自分の理論を確かめるため、さらに2つのフラスコ（CとD）を用意し、Cは水で満たし、Dには水とアルコールの混合物を入れました。それぞれに温度計を差し、寒い夜に屋外に出してみたのです。どちらのフラスコの温度計も徐々に0度に下がりました。その後フラスコCでは、温度計に着氷するまで0℃のまま温度が変わりませんでしたが、フラスコDでは温度は下がり続けました。水とアルコ

ールの混合物は、0℃では凍らないためです。

水を沸騰させる

さらにブラックは、水が沸騰する場合にはどうなるかを、同様の実験で確かめます。この実験は、だいたい20℃から110℃までを測れる温度計さえあれば、読者のみなさんでも簡単に試せます。

水を入れた鍋に温度計を入れ、コンロで熱します。温度は徐々に100℃まで上がります。それから湯が沸騰を始め、温度はそれ以上上がらなくなります。さらに熱し続けると沸騰の勢いが強くなりますが、温度は変わりません。

水が沸騰する際に熱を必要とします。水分子それぞれに熱が伝わり、液体の水から水蒸気になるのに十分なエネルギーが蓄えられるまで、この状態が続きます。このときの熱も潜熱で、気化潜熱と呼ばれます。

ジェームズ・ワットと分離凝縮器

ブラックによる潜熱の発見が、友人のジェームズ・ワットによる分離凝縮器の発明（1765年）を後押しし、蒸気機関の効率化に貢献したのはほぼ確実です。

1766年、ブラックはエディンバラ大学に移りましたが、学生にはウィスキーをつくる蒸留業者の息子たちが多くいました。彼らはブラックに、蒸留器を稼働させるのにどうして大量の燃料が必要なのかを尋ねました。燃料代がウィスキーの価格をつり上げていたのです。ブラックの答えは「潜熱のせいだよ」という簡単なものでした。ウィスキーの製造では、いったん液体を蒸発させてから冷やす（蒸留する）過程があるため、蒸発させるのにエネルギーが必要なのです。

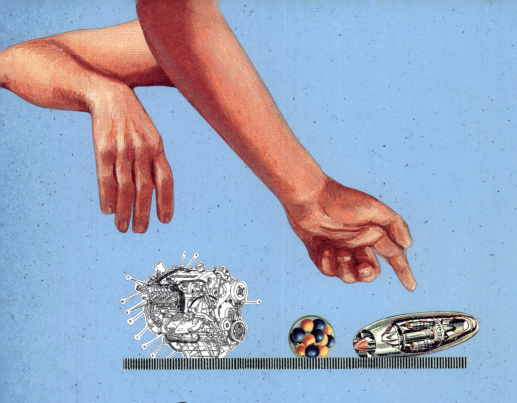

第3章 広がる研究領域
1761年〜1850年

　18世紀の科学者たちは、研究領域を広げていきました。ニュートンの時代には、地球の質量を量るのは無謀な挑戦だと思われていましたが、この時代には2通りの方法が提案され実行に移されました。1つはこの問題には乗り気ではなかった天文学者（マスケリン）が考えた方法で、もう1つは引きこもりがちな天才（キャヴェンディッシュ）が生み出した方法です。

　また電池の発明は、科学にとどまらず世界の行く末をも変えてしまいました。電池は数々の新しい科学の基盤をつくり、現代の私たちが持っているあらゆる機器の開発へとつながったのです。

　忍耐強い醸造業者ジェームズ・ジュールは、他の科学者の懐疑的な態度に直面しながらも、熱の仕事当量の解明に長い年月を費やしました。
　また光の性質と振る舞いについても議論がわき起こりました。電気と磁気の関係が発見されると、マイケル・ファラデーなどの研究者がこの新しい領域での研究に着手し、新たな発見をもとに研究を先へと進めました。電動機、変圧器、電磁石、発電機がつくられたのです。

1774年の研究

- ●研究者
  ネヴィル・マスケリン
- ●研究領域
  重力
- ●結論
  地球の中心部は空洞ではなく、金属の中心核がある。

世界の質量をどう量る？

山々を利用した英雄的な実験

アイザック・ニュートンは1687年に刊行した有名な『プリンキピア（自然哲学の数学的諸原理）』の中で、下げ振り（糸の先に重りをつけたもの）は常に地球の中心に向けて鉛直方向に吊り下がるが、近くに山がある場合には、例外的に山の方へ少し引っ張られると指摘し、これは巨大な山が生み出す引力による影響だと説明しています。ニュートンはこの引力を「山々の引力」と名づけていましたが、あまりに小さく、簡単に計測できるものではありませんでした。

山々の引力を測る

それから80年後、王立グリニッジ天文台長だった天文学者のネヴィル・マスケリンは、山がもたらす引力の影響を計測できるなら、地球の質量を計算できるのではないかと気づきます。山のそばで下げ振りをたらす方法があれば、どれほど横に引っ張られるかを測って山の質量を推定し、さらに地球の質量を推定できるのです。この実験は、地球の質量にとどまらず、月、太陽、その他の惑星の質量を計算可能にするという点で非常に重要な意味を持っていました。1772年、マスケリンは王立協会に実験を提案します。

実験のアイデアを承認した王立協会は、調査官チャールズ・メイソンにスコットランド周辺を馬で旅させ、最適な山を探し回らせました。夏一杯かかった長い調査旅行から戻ったメイソンは、自分が調べた中ではパースから72km北に位置するシェハリオン山が最適だと報告しました。

誰が実験すべきか？

　メイソンは実際の実験への参加は辞退しました。マスケリンもすぐさま、多忙なので参加できないと言い張りました。そもそもマスケリンは王立天文台の台長であり、実験に出向くためには国王の許可が必要なのです。ところが彼の意に反して、国王は実験に非常に乗り気になり、マスケリンが一時的に天文台を離れる許可を与えてしまいます。そのためマスケリンは、グリニッジの居心地の良い宿舎を渋々離れ、船で北のパースへと向かったのでした。パースで馬に乗りかえ、スコットランド高地へと足を踏み入れました。

山での実験

　標高1,083mのシェハリオン山は、ほぼ東西に細長く伸びた山です。マスケリンは山の南側中腹にキャンプ（観測所）を設営しました。避難小屋と大型テントに、正確な振り子時計と王立協会から借りてきた3mの望遠鏡を設置したのです。マスケリンは、下げ振りを使って「鉛直方向」を定めた上で、頭上の星々を観測して自分がいる位置を正確に求めるつもりでした。しかし運悪く濃い霧や雨の日が続き、まるまる2ヶ月間、マスケリンは観測ができませんでした。自分の正確な位置を知るために、マスケリンはさらに1ヶ月を要しました。

　ようやく位置を特定できたマスケリンは、まる1週間をかけて山の北側へ移動し、南側と同じようにして観測所を設置しました。この間に、急ごしらえのテントに陣取った観測チームは、距離を測るための測量用鎖、高度を測るための気圧計、角度を測るための経緯儀などの装備を持って山を歩いて回りました。観測チームは異なる地点で何千もの角度と高度のデータを収集し、マスケリンが山の南北に設置した観測所間の距離を算出しました。

観測結果の相違

マスケリンが星々と下げ振りを利用して行った観測により、両観測所の見かけ上の位置が判明し、観測所間の距離が計算されました。一方、観測チームは山の周りを歩いて距離を計測していました。そして両者が求めた距離は、ちょうど436m違っていたのです。この差が生じた原因は、マスケリンの下げ振りが山の引力に影響され、歪んだ「鉛直方向」を指し示したためです。

観測結果の差はマスケリンが期待したほどには大きくありませんでしたが、地球の平均密度が山の平均密度よりもはるかに大きいことを示していました。この結果は、当時まで残っていた、地球はテニスボールのように空洞であるという説にとどめを刺すものでした。マスケリンは、地球の中心核は金属に違いないと、空洞説とは正反対の主張をしました。

マスケリンに残された作業は、山の質量を計測することだけになりました。山の密度は推測可能——質量を体積で割ります——でしたが、そのためには不格好な山の体積を求める必要がありました。

体積の計算

山の体積を求めるため、マスケリンは友人の数学者に助力を求めます。チャールズ・ハットンは、観測チームが山の立体像を把握するために行った高度の計測結果を、すべて利用できることに気づきました。ハットンは報告書の中で、同じ高さの地点を鉛筆の薄い線で結ぶと、山のおおまかな形状がただちに浮かび上がってきたと書いています。すなわちハットンは等高線を発明したのです。

山の体積が判明すると、マスケリンとハットンは山の質量を計算できました。山の質量が判明すれば地球の質量が判明します。地球の質量は 5×10^{21} トンと計算されました。前世紀にはニュートンが 6×10^{21} トンと見積もっており、後にニュートンの方が正確だったことが明らかになります。それでもマスケリンの英雄的な実験は、地球の質量を量ろうとする最初の試みだったのです。

世界の質量を
どう量る（山は使わずに）？

地球の質量を量る別の方法

1798年の研究

- 研究者⋯⋯⋯⋯⋯⋯⋯⋯
ヘンリー・キャヴェンディッシュ
- 研究領域⋯⋯⋯⋯⋯⋯⋯
地学
- 結論⋯⋯⋯⋯⋯⋯⋯⋯⋯
地球の質量はおよそ6×10^{21}トンである。

　ジョン・ミッチェルはケンブリッジ大学で地質学教授となり、算術、幾何、神学、哲学、ヘブライ語、ギリシア語を講義しましたが、37歳で引退し、高収入が得られる聖ミカエル及諸天使教会（ヨークシャーのソーンヒル所在）の牧師に就任します。おそらく、科学の研究により多くの資金と時間をつぎ込めるため転職したのでしょう。ミッチェルは1784年の王立協会宛の手紙で、世界で初めてブラックホールの概念を提唱しました。さらに地球の質量を量るための装置を設計・製作しましたが、実際に実験に用いるまでには至りませんでした。ミッチェルは1793年に亡くなり、装置は友人のヘンリー・キャヴェンディッシュに託されました。

　ヘンリー・キャヴェンディッシュは当時の基準からすれば、並外れて個性的な人物でした。現代であれば自閉症スペクトラムだと診断されるかもしれません。祖父に公爵が2人いる家系に生まれ、非常に裕福だったキャヴェンディッシュは、ロンドンのクラパム・コモンの屋敷に自分専用の研究室を整えました。最も裕福な学者と言われたキャヴェンディッシュは、最も博学な金持ちでもあったのです。

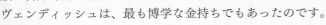

寡黙な天才

キャヴェンディッシュはいつも、しわくちゃな紫色のスーツと黒い三角帽子を身につけていました。とても内気で、人と会うのを極力避けていました。話すときにはキーキーと高く、それでいてためらいがちな声が出ることを気にしていたためか、キャヴェンディッシュはほとんどしゃべりませんでした。研究仲間は、生涯にしゃべる言葉の数を比べると、トラピスト会（ローマ・カトリックの観想修道会）の修道士よりもキャヴェンディッシュの方が少ないだろうと述べています。彼は王立協会の会合に、とても静かに参加していました。

1766年、キャヴェンディッシュは水素ガスの分離に成功します。純粋な気体の分離に成功した2例目でした。そして水素ガスが非常に軽く燃えやすいことを発見し、さらに水素と空気の混合ガスを爆発させると水だけが残ることを確かめました。このことからキャヴェンディッシュは、水の分子式がH_2Oだと判断しました。彼は実験結果をジェームズ・ワットに話しており、ワットは1783年に刊行した著書でこのことに触れています。

世界の質量を量る

キャヴェンディッシュはミッチェルの装置をセットして地球の質量を量り、20年ほど前にマスケリンが量った質量（54ページ参照）を検証することにしました。計測方法は、マスケリンが山で行ったものよりもはるかにシンプルで洗練されていました。山々の代わりに鉛の球を使うのです。

1.8mの長さの木製の竿を細い針金で天井から吊るし、竿が水平になるよう調節します。竿の両端には、直径5cmほどで質量0.73kgの鉛の球を1つずつ取りつけます。そしてこの小さな球の近くに、直径30cm、質量159kgの大きな鉛の球を1つずつ設置します。大きな球は、装置を真上から見たとき、それぞれの小さな球から反時計方向に同じだけ離して置きました（次ページのイメージ図参照）。

もし小さな球が大きな球の重力から影響を受けているなら、小さな球は大きな球の方へとわずかに引っ張られるはずです。竿は、天井から吊るしている針金がねじれる力と、球同士が引き合う力が均等になるところまで回転します。すでに小さな球の重量——地球に引かれる力——は判明していますので、大きな球に小さな球が引っ張られる力

がわかれば、地球の質量と大きな球の質量の比がわかるという仕組みです。

敏感な計測器具

　器具をセッティングしてから、竿や球を落ちつかせるため数時間そっとしておきました。この実験は、わずかなすき間風や室温の変化で台なしになってしまうほど繊細なものでした。そのためキャヴェンディッシュは器具を専用の実験室に隔離し、実験室の外から遠隔操作で器具を調節できるようにします。器具の目盛りを読むのも、窓越しに望遠鏡で行うという徹底ぶりでした。

　器具が落ちついた状態になり、小さな球が静止すると、キャヴェンディッシュはその位置を記録しました。それから大きな球の重力が小さな球に作用するよう、大きな球を時計周りに動かして小さな球に近づけます。小さな球が大きな球に引かれて竿がわずかに回転し、小さな球が再び静止したところで観測すると、4.1mm動いたことがわかりました。キャヴェンディッシュは動いた距離を驚くほど正確に測り、大小の球が引き合った力を計算したのです。

　判明した力は15ナノグラムで、小さな砂粒1粒にかかる重力に相当する非常に小さなものでしたが、計算にはこれで十分でした。キャヴェンディッシュは並外れた注意力をもって、誤差を生み出す可能性があるものをすべて排除しました。その結果、地球の平均密度は水の5.48倍となりました。現在認められている地球の質量は5.97×10^{24}kgですから、とても近い値が算出されたことになります。

　この実験は、現在では物理学を学ぶ学生たちによって何度も実施されています。アイデアと器具はジョン・ミッチェルのものですが、実験は実施者の名前をとって「キャヴェンディッシュ実験」と呼ばれています。

キャヴェンディッシュ実験

1799年の研究

- 研究者 ....
  アレッサンドロ・ボルタ
- 研究領域 ....
  電気学
- 結論
  電気学は新しい科学領域の基盤になった。

電池は別売？

世界初の電池の製作

　静電気は古代人にもよく知られていました。英語のエレクトロン（電子）という言葉は、同じ発音のギリシア語からとられたもので、ギリシア語では琥珀を意味します。古代ギリシア人は、琥珀を布でこすると静電気が発生することを知っていたのです。

　ベンジャミン・フランクリンが雷雲の中に凧を揚げ、雷は電気の一形態であることを示しましたが、今日に至るまで雷を自由に操ることに成功した人物はいません。「電気の流れ」の性質を調べるには、実験に都合がよい手頃な量の電気を継続的に発生させる必要がありました。

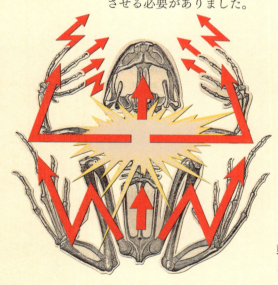

動物電気

　静電気のような一過性の電気ではなく、一定の電気を連続的につくり出す研究が始まったのは、イタリア人科学者ルイージ・ガルヴァーニの実験がきっかけでした。生物学者のガルヴァーニは、1780年にボローニャ大学でカエルを解剖しているとき、はるか以前に死んでいるはずのカエルの筋肉が動くのを発見します。詳しく調べるうちに、静電気（電気）がカエルの筋肉を動かすこと、乾燥させたカエルの筋肉は電気を与えても動かないことを確認します。これにより、カエルを始めとする動物の筋肉は電気によって動くということと、カエルの体液が電気をつくり出していると考えたのです。その後は、動物が起こす「動物電気」の研究を進めました。

この頃、アレッサンドロ・ボルタはパヴィア大学の自然哲学（物理学）の教授を務めていました。ボルタはガルヴァーニのカエルの脚の話に関心を持ちましたが、動物電気（動物が起こす電気）は信じませんでした。電気が生じたのは、カエルを吊るすフックの金属（真鍮）と解剖用のメス（鉄）という、異なる2種類の金属を使ったからだと考えて論文を書き、研究を始めました。

異なる金属

ボルタが亜鉛と銀をコイン状にしたものを密着させて舐めてみると、舌がピリピリする感じがしました。ボルタは効果を増幅させるため、同じ組み合わせの板をいくつも積み重ねて並べるというすばらしいアイデアを思いつきます。

亜鉛－銀－亜鉛－銀とただ単に重ねただけではうまくいきませんでした。「亜鉛－銀」が電気を起こしても「亜鉛－銀－亜鉛」では電気が起きませんでした。後ろの「銀－亜鉛」の組が発電を無効化していたのです。必要なのは、金属以外で電気をためておける物質を用い、それぞれの組み合わせを引き離しておくことでした。つまり非金属の導体を使うのです。ボルタは塩水につけたボール紙を使い、亜鉛－銀－ボール紙－亜鉛－銀－ボール紙－亜鉛……というように積み重ねました。これを「ボルタ電堆」あるいは「ボルタ電池」と呼びます。

最初につくった粗削りな電池は2、3ボルトの電気しか生み出せなかったようですが、ボルタが電気ショックを感じるには十分でした。また、電池の両端を針金でつないだところ、スパークが発生しました。

ボルタは1799年にこの電池をつくり、ナポレオンの前で実演してみせ、大層感心させたそうです。しかしより重要なことは、ボルタが実験の詳細を長い手紙（手紙の日付は1800年3月20日です）にしたため、イングランドの王立協会の会長サー・ジョセフ・バンクスに送ったことでした。手紙はフランス語から英語に訳され、6月26日に王立協会で読み上げられました。

> 「2、3ダースの小さな銀製の円盤……直径は1インチ（2.54cm）前後である……そしてほぼ同サイズの亜鉛の円盤も用意した。加えて円盤状に切り抜いたボール紙を用意した……結構な量の塩水を吸い込んで保持できる」

電気ショックの痛み

ボルタの手紙は、太い針金を使い、電錐の端部と水を張った容器を接続する方法について説明し、そして次のように続けています。「そうしたら電錐の端部に接触させた金属板を片方の手で握り、もう片方の手を水に入れる。するとショックを感じることができる。水に入れた腕の手首あたりまで、ときには肘のあたりまでチクチクとした痛みを感じるだろう……」

ボルタはまた「探針2本を装置の両端にそれぞれつなぎ、耳の孔に入れると聴覚に大きな影響を与える」とも述べています。

ここまででボルタが行ったことといえば、スパークを発生させたことと自分で電気ショックを受けたことだけです。なぜボルタが本書で取り上げられたのか不思議に思われるかもしれませんが、これらの実験は電気の研究にとって大きなきっかけとなったのです。ボルタの手紙を読んだバンクスは、ただちに他の科学者たちに電池をつくるよう指示しました。それらの電池により、電気を途切れることなく発生させ続けるという、それまで成し得なかったことが可能になったのです。

一例をあげれば、さまざまな物質の性質を研究し、導体や絶縁体を見分けることができるようになりました。電気自体の性質についての研究も可能になり、電圧（ボルタにちなんでボルトという単位が使われます）、電流（単位はアンペア）、抵抗（単位はオーム）などの性質が判明しました。

化学と電気

ロンドンの王立協会ではハンフリー・デービーが大容量の電池をつくり、化学の分野で目を見張るような成果を出しました。デービーは異なる金属の組み合わせが、何らかの化学反応を引き起こして電気を発生させているに違いないと考えました。そこで電気を使えば化学反応を生じさせることができると判断し、電気分解を行って世界で初めてナトリウムとカリウムを単離させたのです。

現在、私たちはあらゆる面で電気を頼りに生活しています。ボルタの実験が、科学史の中でも特に創造性に富んだ実験であることは、ほぼ間違いないでしょう。

光を分解したらどうなる？

ヤングの2つのスリットを使った実験

1803年の研究

- 研究者……………
  トマス・ヤング
- 研究領域…………
  光学
- 結論………………
  光は波として伝わる——それとも？

アイザック・ニュートンは1672年の有名な論文と1704年の著書『光学』で、「光線」について記していますが、『光学』の後半になるにつれ、光は粒子（または微粒子）からできているという説に重きを置くようになります。この説は後に「ニュートンの光の粒子説」として知られるようになります。オランダの物理学者クリスティアーン・ホイヘンスは、この粒子説には賛同しませんでした。ホイヘンスは、光は波であると考えており、粒子なのか波なのかという論争が100年近く続きました。

粒子か波か？

トマス・ヤングもまた博識な学者で、多数の領域で業績を残し、1800年代初めには光の屈折に関する一連の論文を発表しています。ヤングは自らの実験結果から、次第に光は波動であるとの説に傾きます。ヤングは、高さが微妙に異なる2つの音を鳴らすと「うなり」が聞こえることに気づいていました。音の波が互いに干渉するため、このような現象が起きます。ヤングは、光が本当に波動ならば、光の波による干渉を観察できるはずだと考えます。

ニュートンに続きヤングも、窓板に小さな孔を開けました。しかしヤングは、孔を黒い紙で覆い、その紙に針で穴を1つ開けたのです。それから鏡を置いて、入ってきた細い太陽光線が部屋を横切って反対側の壁に当たるようにしました。

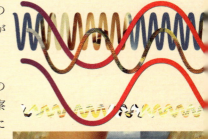

「孔から差す太陽光の前に、約30分の1インチ幅の細長いカードを置き、壁にできるカードの影を観察した。また最初のカードに加え、いろいろな距離にカードを追加してみた。そして最初のカードが追加したカードにつくる影を観察した。いずれの場合も、影の周縁部に色のついた光が見えただけでなく、影そのものも同じような光で分割された」

ヤングはこのような光に関する数々の実験を行いましたが、最もよく知られているのは、平行な２つのスリットを入れたカードに光線を通して、壁にどのように光が当たるかを調べた実験です。本当にヤングがスリットを２本入れたカードを使ったかは確かではありませんが、一般に「ヤングの実験」と呼ばれています。

干渉縞

「ヤングの実験」において、光線が光の粒子で構成されているなら、２本のスリットが入ったカードを通った光線は、スクリーンに２本の明るい線を映すはずです。しかし実際に映ったのは縞模様でした。

最初、窓板に開けた孔が光源になりますが、光がカードに達した時点で、今度はカードの２本のスリットが２つの新しい光源となり、新たに光の波を放ちます。２本のスリットをＡ、Ｂと名づけます。スリットＡから発した波の山とスリットＢから発した波の山が、スクリーンの同じ位置に当たることで、その部分が特に明るくなります。全体として見れば、明るい部分がくり返し現れる縞模様になるのです。また、Ａから出た波の山がＢから出た波の谷に当たると明るさが打ち消されます。これが縞模様の暗い部分です。

「ヤングの実験」では、スクリーンを横断するように、明るい部分と暗い部分が交互に現れる縞模様が出現します。このような縞模様は、屈折と２つの光線の干渉によってしか生じません。つまり光が波として伝わっていることを意味するのです。ヤングは注意深く実験を行い、堅実な考察を提示しましたが、科学者の多くは懐疑的でした。偉大なアイザック・ニュートンが間違っているわけがないと考えたのです。およそ50年後、光が水中を進む速さが空気中を進む速さよりも遅いことが示され、ようやくヤングの主張に対する疑念が晴らされました。

スクリーンに現れた縞模様の間隔は、光の波長によって定まります。そのため、光の色によって間隔は異なるのです。

現在では、光はフォトン（光子）によって運ばれると考えられています。ヤン

粒子でできる模様

波でできる干渉縞

064

グは把握できなかったことですが、非常に弱い光の場合には驚くような現象が起きます。光子が一度に1個ずつ、2つのスリットが入った板に到達するようにします。互いに干渉しあうような他の光子がないため、1個の光子はスリットの1つを通って直進し、確かに個々の光子は、板の向こうに設置されたスクリーンの1点に到達します。

スクリーンがデジタルカメラのセンサーだとして、光子を長時間に渡って次々発射していれば、微小な光点が全体に広がった写真が撮れるような気がします。

しかし予想は裏切られ、またもや縞模様が現れます。私たちは突如として量子力学の不思議な世界に足を踏み入れたのです。量子力学では、ある時点で1個の光子が存在する場所が複数あっても（言い方をかえれば、複数の場所に同時に存在しても）構わないのです。そのため1個の光子がスリットAを30％、スリットBを70％の確率で通り抜けるとしたとき、量子力学では1個の光子が両方のスリットを同時に通り抜け、自分自身で干渉を起こすことが可能だというのです。

粒子と波の性質

別の表現をすれば、光子は粒子と波の両方の振る舞いを見せるのです。この性質を「粒子と波動の二重性」と呼びます。結局のところ、光の粒子説を唱えていた人々が、完全に間違っていたというわけではないのです。

1961年、電子にも同様の性質があることが確認されました。電子は質量を持つため粒子でなければならないのですが、波動的な性質をも持つことがわかったのです。1974年には、電子を1個ずつ発射しても干渉縞が現れることが確かめられました。

量子力学の確立に貢献したアメリカのノーベル賞受賞（1965年）・物理学者のリチャード・ファインマンはこの現象について次のように述べています。

「古典的な方法では説明できない現象にこそ、量子力学の核心がある」

1820年の研究

- 研究者……………………
  ハンス・クリスティアン・エルステッド、マイケル・ファラデー
- 研究領域………………
  電磁気学
- 結論……………………
  電気と磁気は一緒に扱える。

磁石で電気をつくれるの？

電磁気学の創設

　電池ができてからおよそ20年が経ち、あらゆる分野の科学者が実験で電気を使うようになっていましたが、電流と磁場の関係を体系的に研究する者はまだいませんでした。

　1820年4月21日、講義の準備をしていたコペンハーゲン大学の物理学教授ハンス・クリスティアン・エルステッドは、ベンチに置いた方位磁針がピクピク動いているのに気づきます。この現象は実験装置のスイッチを入れ、電池から電流が流れ始めるときに発生し、さらにスイッチを切ったときにも見られました。

　エルステッドは電気と磁気の関係を探っていましたので、偶然の発見とは言い切れません。エルステッドはこの現象をさらに探り、電線を電流が流れると、ちょうど衣服の袖の部分のように、電線の周りに円形の磁場がつくられることを発見しました。3ヶ月後、エルステッドは実験結果をまとめた小冊子をつくり、仲間内で閲覧していました。

パリ

　エルステッドの実験を耳にしたフランス科学アカデミーのフランソワ・アラゴとアンドレ＝マリ・アンペールは、すぐさま同様の実験に取りかかりました。アンペールは2つの導線を平行に並べたとき、同方向に電流を流すと導線同士が反発し、逆方向に電流を流すと引き合うことを示しました。アンペールはこの現象を説明する数学的理論を構築しようとしました。アンペールの法則では、このように平行に並べた導線の間に働く力は、電流の強さに比例するとされています。

ロンドン

　エルステッドの実験の報せはロンドンの王立協会にも届き、ハンフリー・デービーとウィリアム・ハイド・ウォラストンは電動機の製作に着手しますが、失敗に終わりました。このときデービーの助手を務

めていたのがマイケル・ファラデーです。ファラデーはデービーとウォラストンが電動機について話しているのを耳にしました。ファラデーはその場を立ち去り、自分なりに考えてみることにしたのです。

1821年9月初旬に、ファラデーは1週間かけて次々と実験を行い、電流が流れている導線に近づけた方位磁針が、導線に引きつけられたり反発したりする様子を調べました。ファラデーは実験日誌に図を描き入れており、実験の経過を追うことができます。そして、この一連の実験の最後を飾った図は、方位磁針、すなわち磁石の一端の周囲を導線がぐるぐると回っているものでした。この図を足がかりに、ファラデーは簡単な電動機をつくることになるのです。

最初の電動機

初の電動機は、非常にシンプルな構造で水銀入りのグラスを使いました。下図は模式化したものです。左側のグラスでは、電流は硬い真鍮の棒（図中、上から下がっている赤い棒）を通るようになっており、この棒は水銀の水面にちょうど達する長さがあります。グラスの中の棒磁石（図中の青い太い棒）は底面がグラスの底に接続され、接続部分を中心にしてグラス内で回転できるようになっています。

一方、右側のグラスでは硬い導線（赤い棒）が自由に動くようにして吊り下げられ、水銀の中央からは、グラスの底に固定された棒磁石（青い棒）の上端が突き出ています。装置に電流を流すと、導線でつくられる磁場が棒磁石の磁場と反発します。このため左側のグラスでは棒磁石が導線を中心に回転し、右側のグラスでは導線が棒磁石の周りを回ります。

これはファラデーにとって初めての大発見でした。ファラデーは実験の

簡単な電動機

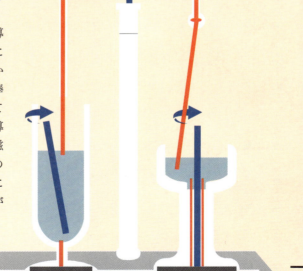

結果に興奮し、デービーにもウォラストンにも相談せず、承諾も受けずに論文を発表しました。ウォラストンは激怒し、自分の研究をファラデーが盗んだと主張して論争になります。

1829年にデービーが亡くなると、ファラデーは電気と磁気の研究に自由に取り組めるようになりました。ほどなくファラデーは、現代ではファラデー最大の業績と見なされている発見をします。磁石がコイル状の導線に電流を生じさせることを突きとめたのです。電磁誘導と呼ばれる現象です。ファラデーは絶縁した導線を鉄のリングの周りにコイル状に巻きつけました。1本の導線をリングの右半分に、別の1本を左半分にというように2本の導線を使いました。スイッチを入れて一方の導線にだけ電流を流すと、一瞬だけですが、もう片方の導線にも電流が流れました。さらにファラデーは、導線でつくったコイルの中で磁石を動かしても、逆に磁石を固定しておいてコイルを動かしても電流が生じることを発見しました。これらの実験により、磁場が変化することで電流が生じることが示されたのです。言いかえれば、機械的エネルギーが電気的エネルギーに変換できることがわかったのです。これらの発見がもととなり、変圧器と発電機が開発されます。

力線

ファラデーは学校で学んだ経験がほとんどなく、数学的な訓練は受けていませんでした。しかし、磁場を力線という言葉でうまく説明しました。ファラデーは力線という概念を説明するため、棒磁石の上に紙をかぶせ、その紙に鉄粉をまきました。鉄粉は円弧状に並び、磁場が空間にどのように広がっているかを示しました。

1845年、ファラデーは強力な磁場が直線偏光の偏光面を回転させることを発見しました。さらに、磁場によって水などの一部の物質がわずかにはね返される反磁性の現象も発見したのです。

068

音を引き延ばせるか？

動くことで音の高さはどのように変わるか

オーストリアのザルツブルクで生まれ育ったクリスチャン・アンドレアス・ドップラーは、父の跡をついで石工になるには身体が弱く、代わりに数学と物理学を学ぶ道に進みました。そして1841年、ボヘミアのプラハ工科大学で職を得ます。

そのわずか1年後、38歳のときにドップラーは、最大の業績である『連星および他の星々が発する有色光について』という論文を発表しました。この中でドップラーは、光は波動であり、その色は波の周波数によって定まると主張しました。

そしてドップラーは、周波数は光源か観測者が動くと変化するとして、ボートを例えに用いています。一定の方向から風が吹いて波立っている水面をボートが進む場合、風下に向かうよりも風上に向かったほうが頻繁に波とぶつかります。ボートが動く向きによって、波と出会う頻度が変わるのです。同じことが音と光の波の場合にも起きるのだというのが、ドップラーの主張です。

ドップラー効果

救急車、パトカー、消防車などの緊急自動車がこちらに向かって走ってくると、サイレンの音が次第に大きくなるだけでなく、その高さも高くなります。そしてそばを通り過ぎると音の高さは低くなり、自動車が遠ざかるにつれてさらに低くなっていきます。

このような現象が起きるのは、緊急自動車が接近してくるときには音の波が密になって届き、波の山と山の間隔が徐々に狭くなるからです。緊急自動車が停車している場合に比べれば、波の山が若干密集しているため、周波数が高くなり高い音が聞こえるのです。自動車が通り過ぎると、波の山と山の間隔が次第に広くなり間延びします。その結果、周波数が低くなり低い音が聞こえます。

1842 年の研究

- 研究者·····················
  クリスチャン・アンドレアス・ドップラー
- 研究領域·····················
  音響学
- 結論·····················
  音源と観測者の位置関係によって、音波の波長が変化する。

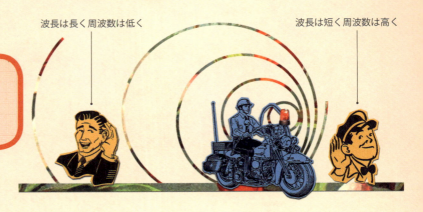

音源が動いているときのドップラー効果

波長は長く周波数は低く

波長は短く周波数は高く

　水面を進む水鳥で例えてみましょう。進む方向にあるさざ波は水鳥に押されて間隔が狭くなります。これに対して、水鳥の側方と後方のさざ波の間隔は広くなっています。

連星

　ドップラーは1842年に発表した論文で、本来の星々の色は白か黄白色だが、地球に向かって動いている星は青みがかって見え、離れる方向に動いている星の場合は赤色が強くなると主張しました。

　ドップラーの考え方そのものは良かったのですが、星々の色の違いなどはわかっていない時代のことです。ドップラーが例に出した「はくちょう座のアルビレオ」という星についても詳しくわかっていませんでした。アルビレオは、望遠鏡で見ると赤っぽい色に見える星と、青い星が並んで見える美しい二重星として有名ですが、重力で結ばれ互いの周囲を回っている「連星」かどうかは、今もはっきりしません。

　しかし、ドップラーはアルビレオの色の違いから、赤っぽく見える星は地球から遠ざかり、青い星は地球に近づいていると考え、連星だと誤解したのです。もし仮に、アルビレオの色の違いがドップラーの言う通りであれば、赤っぽい星と青い星は猛烈な勢いで離れているところで、連星どころの関係ではありません。当時は、連星関係にある天体の動き方も未解明だったのです。

　さらにドップラーは、定期的に明るさが変化する変光星についても例にあげました。連星関係にある2つの星のうちの1つが主に赤外線を出している場合、「地球に接近する軌道関係にあるときだけ、赤外線の波長が短くなって可視光の赤い色となり、赤い星として明るく見

える」というのです。実際には赤い星が暗い星の陰に隠れたり出たりしていただけなのですが、この考え方に先鞭をつけたのはドップラーで間違いなく、そのことから移動と波長変化の関係は「ドップラー効果」と呼ばれるようになりました。

　現代の天文学者は、地球から見たときの星々や銀河の相対的な速さを判断するのに、この光のドップラー効果を利用しています。観測者に近づいてくる星はより青く（青方偏移）、遠ざかる星は赤く（赤方偏移）見えるのです。1929年にエドウィン・ハッブル（136ページ参照）がドップラー効果を観測に応用し、大半の銀河に赤方偏移が見られることから宇宙は膨張しているとの結論を導きました。

　1848年、イッポリート・フィゾーが、電磁波でもドップラー効果が生じることを発見したため、フランスでは「ドップラー・フィゾー効果」という呼び方をする場合があります。

ドップラー効果の利用

　警察官はスピード違反の取り締まりにスピード測定器を使います。測定器から発した電波は、測定対象の自動車にぶつかるとはね返ってきます。その際の周波数の変化から、対象となった自動車のスピードを計測できるのです。

　また医師は同じ原理を用いて、超音波を使った血流計で首の動脈などの血流のスピードを測っています。血流計を適切な角度で首に当てるだけで、血液の流速を測ることができるのです。

　レーザーを使ったドップラー振動計というものもあります。レーザーを計測対象の物体に当て、反射してきたレーザーを振動計で調べれば、振動の仕方がわかるという仕組みです。

　現代社会で最も役に立っている「ドップラー効果」と言えば、気象観測で用いられるドップラー・レーダーでしょう。レーダー反射波の周波数の変化から、観測対象となっている雲（の中の水滴）や降雨の移動方向や移動速度がわかります。同時にその場での風向きや、風速も判明するため、積乱雲や台風・低気圧の中の乱流の発達具合がわかり、豪雨や竜巻の予測、災害抑止に貢献しています。

　ドップラーの最初の主張は誤解に満ちたものでしたが、ドップラー効果が明らかになったからこそ、宇宙の膨張の解明や血流の診断、身近な天気予報までが可能になったのです。

1843 年の研究

- 研究者
  ジェームズ・プレスコット・ジュール
- 研究領域
  熱力学
- 結論
  わずかな熱を生み出すのにも大量のエネルギーが必要となる。

水を温めるのにどれだけのエネルギーが必要か？

熱の性質

　まず少し時代をさかのぼります。風変わりなアメリカ人ベンジャミン・トンプソン（ランフォード伯）は、アメリカ独立戦争で英国側についた人物で、敵である独立派の情報を英国にもたらしていました。後にドイツのバイエルンで働いているとき、切れ味の悪いドリルで大砲の砲身をくり抜くと、大量の熱が発生することに着目します。ランフォード伯は、熱はすべて（ドリルの）運動によって生じたものであり、鉄の粒子の何らかの運動量に見合った熱が発生しているのだと考えました。この説は1798年に発表されました。

　不幸なことに、当時の大半の人は、熱は流体だと考えていました。熱い物を冷たい物のとなりに置くと、熱が流れのように冷たい物に浸透して温めるというのです。フランスの科学者ラヴォアジエはこの流れをカロリックと呼び、カロリックはつくることも破壊することもできないと述べました。

蒸気か電気か

　イングランド北部のサルフォードで生まれたジェームズ・ジュールは、父の跡をついで醸造業の職に就きました。しかし電気に熱中し、自宅でさまざまな電気実験を行っています。醸造所にある蒸気機関を最新式の電動機に置きかえるべきか悩んでいたジュールは、1841年、「一定量の電気が通過したときに生じる熱は、導体の抵抗と電流の2乗の積に比例する」ことを発見しました。私たちは、発生する熱量は(電流)^2×抵抗に比例するという形で書き表し、ジュールの法則と呼んでいます。

　ジュールは蒸気機関について研究し、コーニッシュ製の当時の最新型エンジン（蒸気機関）によって生み出される運動エネルギーは、蒸気機関を動かすためにボイラーがつくり出すエネルギー総量（熱）の10分の1に満たないと計算しました。つまりエンジンの効率は10％

072

に満たず、馬にも劣るというのです。

　ジュールは、電気実験をしていると回路の一部が熱を持つことに気づきました。カロリックの理論で考えると、カロリックが回路の他の部分から流れてきたことになります。カロリックはつくり出すことも破壊することもできないからです。しかしジュールは注意深く回路の各部品の温度を測り、そのいずれの温度も低くなっていないことを突き止めました。間違いなく電気が熱を生み出しているのです。

　また、ロープをしっかりと握ってから、そのロープを思い切り引っ張ると、ひどい火傷を負う可能性があります。この場合、カロリックのような何かの「流れ」は存在せず、物体が動いただけです。ジュールはさまざまな運動でどれほどの熱が生じるかを調べることにしました。

羽根車

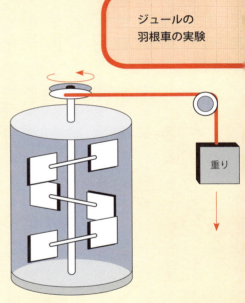

ジュールの
羽根車の実験

　ジュールは水を入れた容器の中にぴったり納まる羽根車をつくり、羽根車の軸にひもを巻きつけました。ひもの先には重りを取りつけ、重りが下がって羽根車を回すようにしました。重りが下がるとどれだけの仕事をするかはわかっていましたので、わずかに上昇する水温の温度を計測しようとしたのです。しかし温度の変化があまりにも小さいため、十分な結果を出すまでには、何度も実験をくり返さなければなりませんでした。

　ある実験でジュールは、11mの高さまで重りを巻き上げては落とすという操作を144回くり返しましたが、水温は2、3度しか上がりませんでした。

　ジュールは電気で水を加熱したり、狭い管に水を通すという方法も試しました。言い伝えによれば、ジュールは新婚旅行先のサランシュ（フランス南部）に温度計を持参し、滝の上と下で水温が異なるか測ったそうです。しかし残念なことに水が落下することによって生じる熱は非常に少なく、ナイアガラの滝でさえ、およそ0.2℃水を温めるだけです。

ジュールは5つの方法を試み、平均すると以下のような結論を出しました。0.11kgの水の温度を華氏1度上げるのに、362kgの重りを30cm落下させる必要があるというのです。

無視と排斥

ジュールは1843年の英国科学振興協会の会合で実験の成果を公表しましたが、冷たい反応しか返ってきませんでした。ジュールの理論に対して異論が噴出し、ジュールは科学界の主流の雑誌に寄稿するのも困難になったのです。

やがてマイケル・ファラデーがジュールの実験に関心を寄せ、疑念は持ちながらも「大いに心を打たれ」ました。後にケルヴィン卿となるウィリアム・トムソンも懐疑的でしたが、新婚旅行中のジュールと旅先で再会し、ジュールの考え方に同意するようになります。1852年から56年にかけて、ジュールとトムソンは頻繁に手紙をやりとりし、ついには共同でジュール=トムソン効果を発見しました。バルブでつながった2つの容器の一方から

他方へ、圧力をかけて気体を押し出すと温度変化が起きるというもので、現在ではすべての冷蔵庫、エアコン、熱ポンプの基本原理として利用されています。

結局、ジュールの研究は高く評価され、国際単位系（SI）でのエネルギー単位は、その名からジュール（J）とされました。1gの水の温度を1℃上げるのに4.2J（1cal）が必要です。

興味深いことに、ジュールは次のようにも述べています。「神が創造物に与えた力が、人間によって破壊されたりつくられたりするなどという考えは、明らかにばかげている」。非科学的な理由づけになるかもしれませんが、別の表現をすれば、ジェームズ・プレスコット・ジュールは史上初めてエネルギー保存則を示唆した人物ということになります。

水中では光は速く進むのか？

反射と屈折

　オーレ・レーマーが1676年に光の速さを計測し（43ページ参照）、1729年にはジェームズ・ブラッドリーが、やはり天体を利用した別の方法——地球の公転による差を利用する——で光の速さを測りました。

　イッポリート・フィゾーと友人のレオン・フーコーは、ともに1819年9月にフランスのパリで生まれました。誕生日は5日しか離れていません。2人とも医学生になったものの、写真術の先駆者であるルイ・ジャック・ダゲールに導かれて写真術の道へと転身しました。写真術の改良に取り組みますが、やがて他の実験者や実験方法に追い抜かれてしまいます。

1850年の研究

- 研究者………………………
アルマン・イッポリート・ルイ・フィゾー、ジャン・ベルナール・レオン・フーコー
- 研究領域………………………
光学
- 結論………………………
光は間違いなく波として伝わっている。

地上での光の速さの計測

　医学生時代にフィゾーは片頭痛を発症したため、物理学に転向しました。そして1849年7月、パリの両親の家で働いているときに、光の速さを直接測るための巧みな方法を考案したのです。フィゾーは歯が100個ある歯車を回転させ、ハーフミラーで反射させた光を歯の部分に当てました。歯と歯の間を通った光は、8 km離れた鏡に当たって反射されて戻ってきます。このとき光は往復で16kmを進んだことになります。フィゾーはハーフミラーの後ろで観察し、光が見えるようになるまで歯車の回転する速さを上げていきました（下図参照）。光が見える

フィゾーの1849年の実験

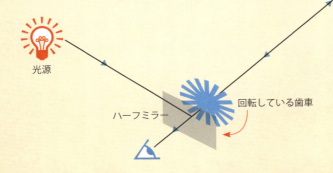

ようになったということは、歯と歯の間から出ていった光が鏡で反射され、次の歯と歯の間を通り抜けてきたに違いありません。

この実験方法で問題になるのは、16kmを光が進むのにおよそ50マイクロ秒（2万分の1秒）しかかからないため、歯車の歯と歯のすき間を小さくした上で高速で回転させなければならないことです。それでもフィゾーは、1849年に毎秒31万3,000kmという計測結果を出しています。これは実際の光の速さよりも約5％大きい値です。

レオン・フーコーもまた、医学の道をあきらめなければなりませんでした。若き日のチャールズ・ダーウィンと同じように、血を見ると気分が悪くなったのです。1850年、フーコーとフィゾーは共同で研究を開始し、光の速さを測るための、より巧妙な仕組みを考え出しました。今回、光はまず高速回転する鏡によって反射され、32kmも離れたターゲットの鏡まで到達してはね返り、再び最初の回転鏡に戻ってきます。

往復64kmの道のりを走破してきた光が再び回転鏡にぶつかるまでに、回転鏡はわずかですが向きを変えています。そのため、回転鏡で反射された光はもとの光源には向かわず、わずかに異なる方

**フィゾーと
フーコーの
1950年の実験**

回転鏡

32km

鏡

A

ランプ

観察者

向に進みます。このときの角度（左図のA）と回転鏡が回る速さから計算し、光は1秒間に29万8,000km進むという結論が出ました。現在認められている速さとの誤差は1％以内です。

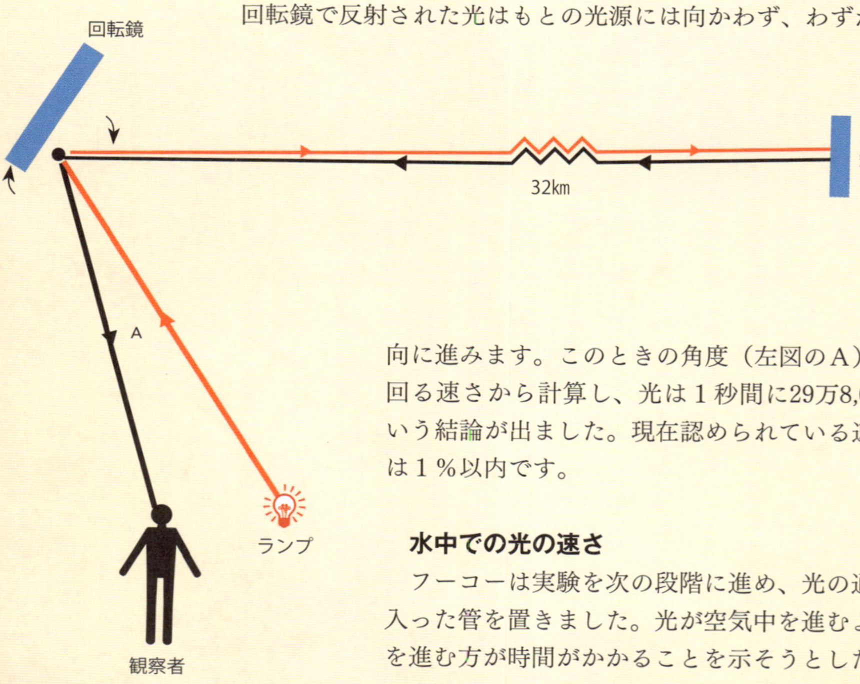

水中での光の速さ

フーコーは実験を次の段階に進め、光の通り道に水の入った管を置きました。光が空気中を進むよりも、水中を進む方が時間がかかることを示そうとしたのです。

すでにニュートンが、媒質（水）が光の粒子を引き込むため、空気中よりも水中の方が光は速く進むだろうと予想していました。実験してみたところ、水中での光の速さは空気中よりも25％遅い秒速22万5,000kmだとの結果が出ました。この結果は、「光の粒子説が入った棺に打たれた最後の釘」と呼ばれ、ようやくヤングの波動説（63ページ参照）の正しさが証明されたのです。

長さの基準

フィゾーは1864年に「光の波長を長さの基準にすべきである」と提案しました。真空中での光の速さ（一般に c と書き表します）は、現在では正確に秒速299,792,458mだと計測され、 1 mは光が299,792,458分の 1 秒で進む長さだと定められています。より身近な言い方をすると、光は 1 ナノ秒（10億分の 1 秒）で約0.3m進みます。音は約 1 ミリ秒で同じ距離を進みますから、光のほぼ100万分の 1 の速さということになります。

しかし水中になると、光の速さは空気中よりも遅くなり、音の速さは速くなります。

フーコーの振り子

1851年 2 月 3 日、フーコーは地球の自転を証明する初めての実験を公開しました。パリ中の科学者をパリ天文台に招き、重いおもりを長い鎖の先につけた振り子をぶら下げ、実験を行ったのです。後にはパリのパンテオンの屋根から、より重く長い振り子を吊り下げて実験しています。振り子を揺らすと、地球以外の星々から見たときには同じ平面上（おもりと鎖が動いている面）を動き続けます。一方、地球は自転しているため、振り子が揺れている面が徐々に回転しているように見えます。この現象を時計に利用することができます。フーコーの実験は大勢の人々の関心を引き、欧米の各地にフーコーの振り子が設置されました。

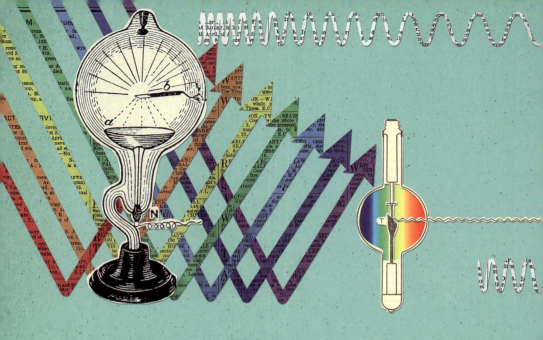

第4章 光、放射線、原子

1851年～1914年

　物理学と技術が、互いに手をたずさえて進歩するケースがよく見られます。新しい理論が新しい技術開発をうながし、新技術が新たな実験や研究を可能にします。17世紀になると、トリチェリが真空を解明したことで空気ポンプの発明がうながされ、このポンプを使うことで、ボイルらは真空――あるいは非常に気圧が低い状態の空気――の性質を研究することができたのです。

　1865年には、ヘルマン・シュプレンゲルが、従来のものより高性能な水銀ポンプを発明しました。それにより、ウィリアム・クルックスなどの研究者は、ほぼ何もない空間での放電実験を行うことができました。そして放電実験によって陰極線、X線、電子が発見されました。

　X線の発見はその後のマリ・キュリーによる放射能の発見へとつながり、放射能の研究の上にアーネスト・ラザフォードが放射線を発見し、見つけた放射線にアルファ線、ベータ線、ガンマ線という名前をつけました。やがてアルファ線は大きな粒子（ヘリウムの原子核）であることがわかり、ラザフォードは原子にアルファ線を衝突させ、原子の構造を探りました。またベータ線と陰極線は電子線であることが判明し、ガンマ線は電磁スペクトルの中で最もエネルギーが強いことがわかったのです。

1887年の研究

- 研究者……………
  アルバート・A・マイケルソン、エドワード・W・モーリー
- 研究領域……………
  宇宙論
- 結論………………
  「エーテル」は存在しない。

エーテルって何？

地球と発光エーテルの相対的な動き

　海の波は水を伝わり、音の波は空気（または水）を伝わります。光の波の場合も、伝わるための物質が必要なはずです。1880年代までの科学者たちはこのように考え、その何かを「発光エーテル」と呼んでいました。

　科学者たちは、トリチェリ（34ページ参照）やボイル（37ページ参照）が示したように、光が真空中でも進めることは知っていました。また月、太陽、星々が見えることから、光が宇宙空間を進めることも把握していました。そのため、宇宙にも地上の真空にも何かが満ちていると考えられました。その物質をエーテルと呼んだのです。エーテルは完全に透明で、星々の動きを妨げるような摩擦抵抗を生じないと思われます。果たしてそのような物質が存在するのでしょうか。

　地球は秒速30kmで太陽の周りを回っています。同時に、地軸を中心に自転もしています。それではエーテルは、宇宙全体を基準として見たときには静止しているのでしょうか。太陽から見たときには静止しているのでしょうか。それとも宇宙を常に動き回っているのでしょうか。いずれにせよ、地球上の1点から見たとき、エーテルは非常に速く動いているはずです。そこでアルバート・A・マイケルソンとエドワード・W・モーリーは、「地球と発光エーテルの相対運動の関係」を調べることにしました。

最初の実験

　マイケルソンは1881年、ドイツのベルリンで最初の実験を行いましたが、深夜2時になっても交通機関から生じる振動に邪魔された上、測定機器の性能が不十分でした。それでも実験機器が操作しやすいことは確認でき、マイケルソンは干渉計の開発に着手しました。干渉計はモーリーが実験に加わってから完成し、現在はケース・ウェスタン・リザーブ大学（アメリカ合衆国オハイオ州クリーブランド）となっている場所で、1887年に行われた実験には間に合いました。

干渉計

　右図のように、オイルランプから出た光は中央のハーフミラーに集まり、半分は直進し残り半分は左側に直角に曲がります。それぞれの光線は、複数の反射鏡で何度も反射された後にハーフミラーに戻ってきます。反射をくり返すのは光が進む距離をかせぐためで、光はほぼ11mを進むことになりました。そしてハーフミラーに戻った光線のそれぞれ半分は、一緒に望遠鏡に到達しました。右図は反射鏡を複数ではなく1枚ずつ使った場合を示しています。望遠鏡では、2本の光線が干渉縞を描きました（64ページ参照）。

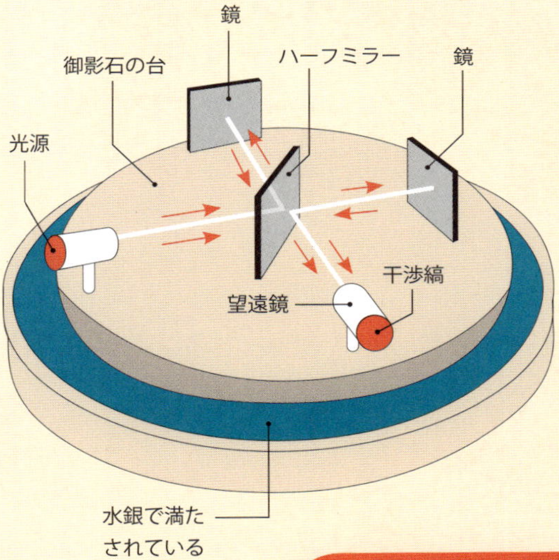

　干渉計にはまだいくぶんか問題がありました。外を時折通る馬車や激しい雷雨の振動から影響を受けてしまうのです。そこで装置全体を重量3トンの巨大な石板の上に載せ、その石板を水銀を満たしたプールに浮かべました。マイケルソンとモーリーは、わずかな力で円形の石板を360度回転させることができました。エーテルがどの向きに流れていても、石板を回転させて、光線の1本はエーテルの流れと同じ向きに、もう1本は直角の向きに進むよう調節しなければならなかったのです。2本の光線はわずかな時間差で望遠鏡に届き、その時間差に応じて干渉縞の位置が変わるはずでした。

鏡

御影石の台

ハーフミラー

鏡

光源

望遠鏡

干渉縞

水銀で満たされている

マイケルソンとモーリーの干渉計

マイケルソンとモーリーは2本の光線Ａ、Ｂを直交させるというアイデアを思いついたのです。光線Ａがエーテルの流れを横切って戻ってくるのにかかる時間は、エーテルの流れに沿って往復する光線Ｂよりも短いはずです。

　これは川で泳ぐのと同じことです。川を横切って往復する方が、川の流れに乗って下流に泳ぎ、次いで流れに逆らって戻ってくるよりも時間がかかりません。もし泳者と逆向きの流れが泳ぐスピードよりも速ければ、再び上流に戻ってくること自体が不可能です。

　1887年7月8日の正午に、マイケルソンらは干渉計を静かに6回回転させ、22.5度回すごとに干渉縞を観察しました。さらに同じ日の午後6時にもこの実験をくり返しました。そして以後の2日間、正午と午後6時に観察が行われました。

　マイケルソンとモーリーは干渉計を回した際、4ヶ所で干渉縞の縁がずれて見えるはずだと予想しました。まず左、次に右へずれるはずでした。左、そして右へというパターンの動きは、計測可能な最小限の動きよりも20倍大きな動きになると計算していました。

世界一有名な「失敗した」実験

　実際に試してみると、干渉縞の動きはまったく認められませんでした。マイケルソンは物理学者のレイリー卿への手紙に「地球とエーテルの相対運動に関する実験が完了しましたが、結果は予想を決定的に否定するものでした」と記しました。

　マイケルソンらは、エーテルは地球表面の構造に引きずられていると考え、「適切な高さの場所、すなわち孤立した山の頂などであれば、エーテルとの相対運動を観察できると思われる」と主張しました。しかし、後年に実施された綿密な実験でも、エーテルの動きは想定以下の非常に小さな値しか示しませんでした。

　1900年代前半には、エーテルと地球との相対運動はほぼゼロであることが確認され、エーテルが存在するとした考え方（仮定）そのものが否定されたのです。

X線は
どのように発見されたのか？

骨格を見る

1890年代のドイツと英国の研究室では興奮が沸き立ち、パチパチと音を立てているかのようでしたが、その室内に置かれた、ほとんど空気が入っていないガラス管の中はなおさらにぎやかでした。17世紀に発明された真空ポンプ（37ページ参照）は、19世紀には格段に性能を向上させており、ついにはガラス管の中の空気を、通常の大気圧のおよそ100万分の1にまで減らせるようになっていました。

マイケル・ファラデーは1838年、真空にしたガラス管の中の2つの電極（陰極と陽極）の間に、奇妙な電弧放電（アーク放電）が起きることを発見しました。1857年、ハインリッヒ・ガイスラーはより性能を向上させたポンプを使い、現代のネオンサインのように、ガラス管の中を光で満たすことに成功しました。さらに1876年にはオイゲン・ゴルトシュタインが、ガラス管内に固い物体を置き、陰極から出る放射線を当てると影ができることを示しました。ゴルトシュタインはこの放射線を「陰極線」と名づけます。その後ウィリアム・クルックスが一層強力なポンプを使って放電実験を行ったところ、陰極の正面に新たに暗い部分ができることがわかり、この部分は「クルックス暗部」と呼ばれるようになります。クルックスがさらに空気を抜いていくと、暗部はガラス管の中を陽極に向けて広がり、（陰極から見て）陽極の向こう側のガラス管壁が光り始めました。この蛍光は陰極線によるものだと考えたクルックスは、勢

1895年の研究

● 研究者
ヴィルヘルム・コンラート・レントゲン、アントワーヌ・アンリ・ベクレル

● 研究領域
電磁スペクトルと放射能

● 結論
電磁放射線には多様な種類があり、一部の重い原子は不安定である。

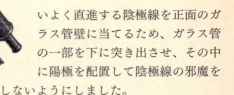

いよく直進する陰極線を正面のガラス管壁に当てるため、ガラス管の一部を下に突き出させ、その中に陽極を配置して陰極線の邪魔をしないようにしました。

1895年11月8日の金曜日、当時はヴュルツブルク大学の物理学教授だったヴィルヘルム・レントゲンは、フィリップ・レーナルトが考案したガラス管を使って各種の実験を行うことにしました。このレーナルト管は、ガラス管の一部に小さな窓が設けられたもので、窓はアルミニウムでふさがれていました。アルミニウムの部分から、一部の陰極線が外に出てくるようになっていたのです。実験方法を検討したレントゲンは、この窓の近くに蛍光物質（シアン化白金バリウム）を塗った厚紙のスクリーンを置いてみました。記録によれば、見たところいかなる光も当たっていないのにスクリーンは明るく輝いたそうです。

次にレントゲンは、真っ暗にした研究室で、異なる種類のガラス管を試すことにしました。すると部屋の向こう側が光っています。マッチを灯して確認したレントゲンは、先ほどの実験で使った、蛍光物質を塗ったスクリーンが光っていたことを知ります。レントゲンは新たな実験を思いつきました。

エウレーカ！
<small>わかったぞ</small>

興奮したレントゲンは、その週末は研究室にこもりきりで次々と実験をくり返し、この現象がまったく想定外のものであったことを確認します。レントゲンには、いかなる原因でこの現象が起きるのか見当がつきませんでしたが、ガラス管かアルミニウムの窓から何らかの放射線が出ているのは確かです。そこでレントゲンは、この放射線をX線と名づけました。Xには「未知の」というニュアンスがあります。しかし数年のうちにX線は「レントゲン」と呼ばれるようになります。

2週間後、レントゲンは初めてX線写真（妻のアンナ・ベルタの手を映したもの）を撮影しました。写真を見たアンナは仰天し、「自分の死体を見たようなものね」と不快な表情を見せました。レントゲンは同年末に『新種の放射線について』という論文を発表し、1901年には初のノーベル物理学賞を受賞しました。みんながX線の発見の恩恵にあずかれるようにと、レントゲンは自らの発見について特許の取得は行いませんでした。

インスピレーション

　レントゲンの論文が発表されて1ヶ月後、論文に刺激されたフランスの物理学者アンリ・ベクレルが、燐光を放つ塩——硫酸ウラニルカリウム——を調べ始めました。光を当てている間だけでなく、照明のスイッチを切った後も光っていました。ベクレルは、この物質はX線かそれと同様の放射線を出しているのではないかと考えました。

　そこでベクレルは写真の乾板を、非常に厚い黒い紙2枚で覆ってからこの燐光体にさらしてみました。

> 「乾板を太陽光に1日さらしても感光しないようにする。そして燐光体を厚紙の外側に置き、これら（燐光体と乾板）全体を数時間太陽光にさらした後に現像すれば、燐光体のシルエットが陰画に黒く写っているであろう。もし燐光体と厚紙で覆った乾板の間に、コインや模様を打ち抜いた金属板を置けば、それらのシルエットが陰画に現れる……これらの実験から、問題の燐光体が不透明な紙を突き抜ける放射線を出して、乾板を感光させているとの結論を出さざるを得ないであろう」

放射能

　その後ベクレルは、太陽光にさらさなくても同様の結果が出ることを知ります。「自然に導かれる仮説の1つは、この燐光体から、レーナルト氏およびレントゲン氏が研究していた放射線と非常に似た特性を持つ、目に見えない放射線が出ていたということである」

　ベクレルは1896年5月までに、光源が燐光体の中に含まれるウランであることを突きとめていました。ベクレルは優れた「発見の才」に導かれ、放射能を発見したのです。

1897年の研究

- 研究者..................
  ジョゼフ・ジョン・トムソン
- 研究領域..................
  原子物理学
- 結論..................
  原子は何で構成されているかを知る、最初の手がかりを見つけた。

原子の中はどうなっているの？

電子の発見

　1890年代に行われた、ある驚くべき実験とそれにともなう1つの発見は、科学界に大きな反応を引き起こしました。科学者たちは同僚の研究に目を光らせ、研究のためのアイデアをため込みました。電灯がようやく一般に普及し、蒸気自動車が徐々に使われ出したものの、ガソリン自動車はまだ試作段階でした。このような時期でしたが、原子科学は急速に発展したのです。

　マンチェスター出身の物理学者ジョゼフ・ジョン・トムソンは、イングランドのケンブリッジにあるキャヴェンディッシュ研究所に勤務し、1897年に原子はさらに小さい粒子で構成されているであろうことを突きとめました。ただし、最も小さい粒子でも水素原子（最も軽くどこにでも存在する原子）と同じ大きさはあるはずだと考えていました。

　1890年にアーサー・シュスターが、陰極線（83ページ参照）が負の電荷を持ち、磁場か電場で偏向させる（進行方向を変える）ことが可能ではないかと指摘します。シュスターは電荷質量比を見積もり、1000を超えると判断していましたが、この説を支持する者は皆無でした。

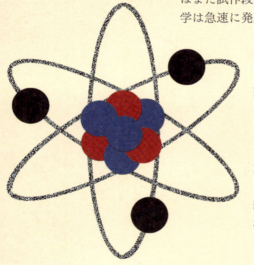

陰極線

　トムソンは真空にしたガラス管を使って陰極線の研究も行っていました。そして、粒子が予想以上に長距離を飛ぶことを発見します。その飛程は、粒子の大きさを水素原子並みと想定して計算した距離を、はるかに上回っていたのです。水素原子と同じ大きさであれば、すぐ

に空気中の窒素分子や酸素分子と衝突して向きをそらされ、それ以上進めないはずです。しかし陰極線は、そのような衝突から逃れているようでした。

陰極線は陰極から四方八方に広がりますが、トムソンは多数の陰極線を集めて細い光線にしました。これにより細部までの観察が可能になったのです。トムソンは、この光線は粒子に違いないと考えていました。サーモカップルに当てると熱を生じたからです。定量的な計測のため、トムソンは下図のような陰極線管をつくりました。陰極を出た光線は右側の陽極を通り越し、端がふくらんだガラス容器の中に飛び込みます。そして（計測用に格子状に印をつけた）容器端のふくらんだ部分の中央に当たります。

陰極線を曲げる

通常ならば陰極線は直進しますが、トムソンはシュスターと同様、磁石だけでなく強い電場でも陰極線を曲げられることを発見しました。つまり陰極線は間違いなく負に帯電しているということです。トムソンは陰極線の曲がり具合から、陰極線を構成する粒子の電荷質量比を計算することができました。

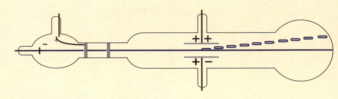

電場による偏向

結果は驚くべきものでした。陰極線の粒子の電荷質量比は水素イオン（H^+）1個の電荷質量比の1000倍を超えたのです。これは、各粒子は水素原子の1000分の1以下の質量しか持たない（または非常に強く帯電している）ことを意味します。さらに粒子は、陰極に用いる物質の種類（原子の種類）が異なっても、同じ質量を持つようでした。トムソンは次のように述べています。

「陰極線が負の電荷を運んでいるため、負に帯電しているかのように、静電気力によって偏向させられている。そして磁力に対しても、あたかも負に帯電した物体が陰極線に沿って動いているかのように反応する。これらの結果から、負の電荷が粒子によって運ばれているのが陰極線であるとの結論を出さざるを得ない」

トムソンはこの粒子を「微粒子」と名づけましたが、すぐに電子と呼ばれるようになります。トムソンは電子はすべての原子に含まれるに違いないと考えていました。1904年には「プラム・プディングモデル」という原子の構造を示したモデルを発表します。原子は正の電荷が球状に集まったもので、その中に小さな負の電子がまんべんなく散らばっているというモデルでした。電子は周回軌道上を高速で移動しているのだろうと考えられました。

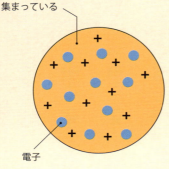

正の電荷が球状に集まっている
電子

プラム・プディングモデル

誤った見解？

トムソンの父親は、息子を技術者にしたかったのですが、実習期間のための費用を工面できませんでした。そのためトムソンは科学を学んでケンブリッジ大学に進み、数理物理学の学者になったのです。そして28歳で実験物理学のキャヴェンディッシュ教授職に就きました。一部の人はこの人事に眉をひそめました。トムソンが他の志願者よりも若かっただけでなく、実験物理学で目立った業績を上げていなかったのです。その上トムソンは不器用でした。ある助手は、「トムソンは指使いが非常にぎこちなく、彼が実験器具を扱わないで済むようするのは、特に重要なことでした。ですが、ものごとはこうあるべきだという方針を言葉で示すのには非常に長けていました」と述べています。

なお、トムソンは装置の設計はとても得意でしたし、教師としてもすばらしい能力を持っていました。1906年、キャヴェンディッシュ研究所としては2人目のノーベル賞受賞者になりました。この研究所は現在まで合計29人のノーベル賞受賞者を輩出しています。

トムソンと教え子のフランシス・W・アストンは、陽イオン（電子を失った原子）の研究も行い、1912年に質量の違いを利用して陽イオンを分離することに成功しました。またトムソンらの研究の最初期の成果には、希ガスのネオンの同位体発見もあります。同位体は、陽子は同じ数ですが中性子の数が異なります。現在ではトムソンが発見した2種類は、ネオン20およびネオン22と呼んで区別しています。トムソンとアストンが発明した機器は質量分析計として発展し、化学者にとって最も強力で役立つ分析機器として活躍しています。

ラジウムは
いかに発見されたか？
放射能研究の先駆け

> **1898年の研究**
>
> ●研究者……………
> マリ・スクウォドフスカ＝キュリー、ピエール・キュリー
> ●研究領域……………
> 放射能
> ●結論……………
> ラジウムの発見により、放射能研究の道を開いた。

　マリ・キュリーは史上最も偉大な女性科学者でしょう。マリが生まれた19世紀後半のポーランドは、独立国家とは言えない苦しい時代でした。家族は帝政ロシアに追われ、幼少時代のマリも苦労を重ねます。ロシアは学校での実験教育も禁じました。しかしマリにとっては幸運なことに、父親が物理学の教師だったため、研究室から実験器具を大量に家に持ち帰っていました。5人兄弟の末妹マリア・サロメア・スクウォドフスカ（マリの誕生時の名前です）から、あらゆる教育の機会が奪われたわけではなかったのです。
　パリ大学に進学したマリは、そこでピエール・キュリーと出会いました。ピエールは物理と化学の講師をしており、自分の研究室内にマリのための実験スペースを確保してくれました。

ウランの放射線

　1895年の終わり近くにX線と放射能が発見され（83ページ参照）、マリ（フランス語での名前です）は、この不思議な「ウランの放射線」を研究し始めました。
　幸運なことに、夫ピエールとその兄は、電気量を調べる感度の高い電位計を開発していました。マリはウランから出る放射線が、周囲の空気を電離させることに気づきます。その結果、電位計を使って放射線を計測できるようになりました。
　まずマリは、さまざまなウラン塩化物を調べ、放射線の強さはウランの含有量のみに左右されていることを突きとめました。放射線は何らかの分子ではなく、ウラン原子の性質によって生じているに違いありません。

ウラン鉱石でよく見られるものが瀝青ウラン鉱（閃ウラン鉱）です。マリは瀝青ウラン鉱がウラン単体の４倍もの放射線を出すことを発見し、瀝青ウラン鉱にはウランよりも放射能が強い物質が含まれているに違いないと推測します。ウラン以外に放射能を持つ物質を探していたマリは、1898年、トリウムも放射線を出すことを発見しました。

新しい元素

この頃には夫のピエールもマリの研究に夢中になっており、マリに協力して研究に加わることにしましたが、共同研究の主役は当然ながらマリでした。

1898年４月14日、２人は高い放射能を持つ新物質を発見しようと、100ｇの瀝青ウラン鉱の分析に取りかかります。しかし100ｇではとうてい足りないことがわかりました。結局、1902年からは１トンの瀝青ウラン鉱（その後、さらに量が増やされます）を使って調査が行われることになりました。何年もの苦労の末に、２人はどうにか0.1gの塩化ラジウムの精製に成功したのです。

２人が瀝青ウラン鉱のサンプルを硫酸で溶かし、含有されていたすべてのウランを取り出しても、「残りかす」はまだ放射能を持っていました。そこで、この残りかすからビスマスに似た物質を分離してみました。その物質は、周期表ではビスマスの次に位置し、化合物もビスマスの化合物に似た特性を持っていましたが、まったく新しい元素でした。マリは祖国ポーランドへの敬意を込めてポロニウムと名づけました。２人はこの発見を1898年７月に公表します。

潜んでいたラジウムの発見

マリとピエールはさらに「残りかす」の調査を続け、高い放射能を持つ物質を見つけます。バリウムに似ており、「残りかす」のバリウム化合物の中にだけ存在しました。バリウムの場合、炎色反応では明るい緑色の炎を出し、スペクトル分析でも緑の輝線を出します。ところがこの未知の物質をスペクトル分析すると、見たこともない赤い光を出したのです。新しい元素に違いありません。

この新物質をバリウムから分離するのは非常に困難でした。２人が用いた方法は、塩化物をつくり、それをゆっくりと結晶化させるというものでした。新物質の塩化物はバリウム化合物よりも若干水に溶け

にくいため、バリウム化合物よりも少し早く結晶化しました。2人は集めたサンプルの鉱石すべてを電位計で計測し、どれほどの放射能を持つかを確かめなければなりませんでした。この作業の時期に、2人は「放射能」という言葉を生み出します。

1898年12月21日、マリとピエールはこの未知の物質が新しい元素であると確信します。放射線を大量に出すことからラジウムと名づけ、同月26日にフランス科学アカデミーに報告します。ただしこの時点では、純粋なラジウムの分離には成功していませんでした。マリが純粋なラジウムを分離できたのは、12年後のことになります。ラジウム化合物は、1908年からのアーネスト・ラザフォードの研究で重要な役割を果たします（98ページ参照）。現代のラジウム化合物の世界全体での年間生産量は、およそ100gというわずかな量です。

世界で認められる

1902年までにマリとピエールが発表した科学論文は32本にのぼりました。1903年、マリは博士号を授けられ、ロンドンの王立研究所に招待されました。しかし女性であるマリには講演は許可されず、しかたなくピエールが講演を行いました。そして講演後、聴衆がピエールに質問すると、ピエールがマリに尋ね、その答えをピエールが聴衆に聞かせたのです。

同年12月、マリ、ピエール、アンリ・ベクレルはノーベル物理学賞を授与されました。マリは女性初のノーベル賞受賞者です。最初、賞はピエールとベクレルのみに与えられる予定でしたが、そのことを知ったピエールが抗議し、スウェーデン王立科学アカデミーはマリも受賞者の名簿に加えたのです。

1899年の研究

- 研究者……………………
  ニコラ・テスラ
- 研究領域…………………
  電気学
- 結論
  電力は電線なしでも伝えられる。

電力は空中を伝わるか？

無線での送電

　ニコラ・テスラは、現在はクロアチア領となっている土地でセルビア人の両親の間に生まれました。学校では並外れた数学の能力を示しました。徴兵を避けるため故郷から逃れ、オーストリアの工科大学に進学して学問に打ち込みましたが、ギャンブル中毒になって試験に落第し、再び逃亡することになります。ギャンブルでの失敗を家族に打ち明けるわけにはいかなかったのです。長身で整った顔立ちながら、痛々しいほどやせていたテスラは、典型的な「天才肌の科学者」タイプのようでした。

　1884年6月、テスラはトーマス・エジソンの会社で働くためニューヨークへ渡りました。しかし、テスラがエジソンに要求していた額の給与が支払われないとして口論になり、翌年には会社を辞めています。テスラは何人もの実業家に声をかけ、自分の研究に出資するよう説得しました。発明で得られる特許料の一部を還元するという条件でした。そして1888年、技術者で実業家でもあったジョージ・ウェスティングハウスと有利な契約を結ぶことに成功します。

　1891年、テスラは最も有名になった発明であるテスラ・コイルを

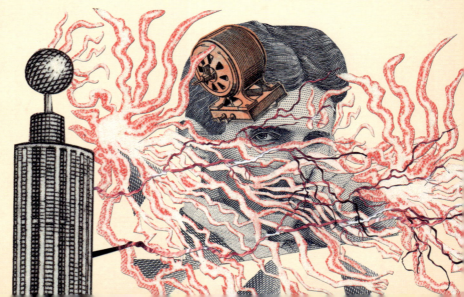

つくり上げました。テスラ・コイルは高電圧の交流電流を発生させる共振変圧器で、現在も一部で使われています。

無線送電

　1893年のシカゴ万博で、ウェスティングハウスは「テスラ多相システム」を展示しました。見物に行った人の話では、「部屋の中には、金属の薄片で包まれた硬質ゴムのプレートが2つ吊り下げられていた。2枚のプレートの間隔は約15フィート（約4.6m）あり、プレートは変圧器から延びた電線の端末になっていた。電流を装置に流すと、2つのプレートの間の机の上に置いた電球や真空管が、電線をつないでいないのに発光した。部屋の中なら、たとえ手に持っていても、明るく光った」

　別の表現をすれば、電灯を光らせることによって、電線なしに送電するデモンストレーションが行われたのです。テスラは1899年、自らが設計した多相交流システムが設置されていたコロラドスプリングスに研究所を構えました。また費用を気にせず、使いたいだけの電力を供給してくれる友人たちにも恵まれました。この研究所での最初期の実験で、テスラは5インチ（12.7cm）のスパークを発生させました。このスパークを発生させるため、テスラはおよそ50万ボルトの電圧をかけたはずです。

　テスラはテスラ・コイルをさらに発展させ、次々と電圧を上げて実験を行いました。ついには4〜500万ボルトに達しています。巨大なスパークで人工的な稲妻を発生させ、雷鳴を24km先まで響かせたのです。道を歩いていた人々の足からスパークが生じ、金属製の馬蹄に流れた電流でショックを受けた馬は、貸し馬屋から逃走しました。スイッチを入れていないのに電球が光りました。テスラ自身、大電流を

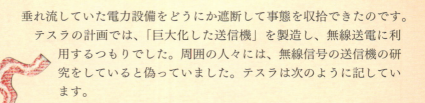

垂れ流していた電力設備をどうにか遮断して事態を収拾できたのです。
テスラの計画では、「巨大化した送信機」を製造し、無線送電に利用するつもりでした。周囲の人々には、無線信号の送信機の研究をしていると偽っていました。テスラは次のように記しています。

「私のすべての発明の集大成である巨大送信機が、次世代にとって最も重要で価値あるものだということが実証されるだろうと確信している」

ウォーデンクリフ・タワー

ジョン・ピアポント・モルガン（モルガン財閥の創始者）の支援を受けたテスラは、1900年、ウォーデンクリフに57mの高さのタワーを建てる工事に着手しました。ウォーデンクリフはロングアイランドのショアハム近くにあります。テスラはこのタワーを使い、大西洋を越えての無線通信と無線送電を行うつもりでした。タワーは完成しましたが、さすがに資金が尽きてしまいました。さらに1901年の株式市場の混乱で痛手を被ったモルガンが、追加の資金供給を拒否したことで、計画は中止に追い込まれました。

テスラの発明品の中で最も有名なのはテスラ・コイルですが、他にも十数件の特許を取得しており、さまざまな電気製品を発明しています。「なまけ者の生徒にこっそり電流を流して賢くする計画」すらありました。

無線送電については、現在では電動歯ブラシ、シェーバー、心臓ペースメーカーの充電、ICカードのメモリへの書き込み時の電力供給といったごく小規模なものや、大規模なものでは電気自動車の充電、バス、列車（特に磁気浮上式鉄道）への給電で使われています。科学者と技術者はワイヤレスの充電器、電話、タブレット、ノートパソコンを利用して技術開発を推し進めています。しかしテスラが抱いた壮大な夢はまだ実現していません。

光の速さは常に一定なのか？

E=MC² : 特殊相対性理論

　光線と一緒に移動したら何が見えるでしょうか？ アルベルト・アインシュタインは1879年3月14日、ドイツのウルムで生まれました。両親は1894年にイタリアに移住しましたが、アルベルトは1895年から翌年にかけてスイスのアーラウの学校で学びました。以前在学していたドイツの学校に比べると、リラックスした雰囲気の中で先進的な教育が行われていました。アルベルトはかなり後になってからこの学校について、「私に忘れることのできない感銘を与えてくれた。学校の自由な精神と教師たちの素朴とも言える真面目さのおかげだ」と述べています。アルベルトによれば、この学校に在学中、初めて相対性について考え始めたそうです。

特殊相対性のパラドックス

　自叙伝の中でアインシュタインは、思考実験に触れています。

「……16歳のときにすでにぶつかっていたパラドックスだった。速さc（真空中での光の速さ）で光線を追いかけたとすると、光線は空間的に振動しながらその場にとどまっている電磁場として見えるはずだった。ところが経験から考えても、マクスウェルの方程式から考えても、ありそうにないことだった。光線を追いかける観測者の視点から判断したとしても、あらゆるできごとは『地球に対して相対的に静止している観測者』と同じ法則にしたがっ

1905年の研究

- 研究者
アルベルト・アインシュタイン
- 研究領域
力学
- 結論
光速に近づくにつれ、ニュートンの法則よりも特殊相対性理論の方が適合するようになる。

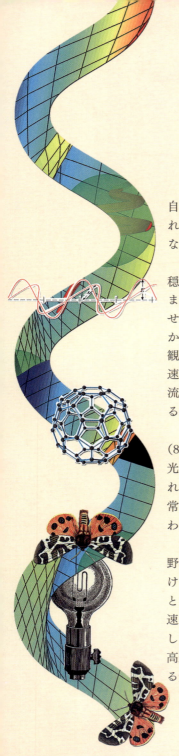

ていなければならないことは、そもそもの最初から私には直感的に明らかだったのである。同じ法則にしたがっていないとすると、第1の（光線を追いかける）観測者は、自分が一定の高速で移動していることをどのように知り、判断できるというのだろうか。このパラドックスに、特殊相対性理論の萌芽が見てとれる」

アインシュタインが静止した状態の光線を見たのならば、彼自身が光と同じ速さで動いているのだとわかります。しかしこれはガリレオの相対性原理と矛盾してしまい、パラドックスになるのです。

ガリレオは1632年の『二大世界体系に関する対話』の中で、穏やかな海に浮かんだ船の中にいる観測者について考察しています。観測者がいる船室は甲板の下にあり窓が設けられていません。この場合、観測者は船が動いているのか止まっているのかを知るすべがないのです。船が加速したり旋回した場合には、観測者に加わる力を感じて状況を察知できます。しかし一定の速さで直進しているのか、相対的に静止している（例えば潮の流れとまったく同じにゆるやかに流されている）のかを判別することは不可能です。

アインシュタインはまた、マイケルソンとモーリーの実験（80ページ参照）を知っていたのかもしれません。この実験は、光の速さはエーテルから影響を受けないことを示したと考えられていました。いずれにせよアインシュタインは、光の速さは常に一定——秒速299,792,458kmで記号cで表されます——で変わらないという考えをもとに研究を始めました。

私たちの直感では、この考えを受け入れることができません。野球、やり投げ、ラグビーなどの選手は、投げる前に助走をつけます。自らが走ることで、投げる物の速さをさらに高めることができます。しかし光はまったく異なる性質を持ち、光源の速さに影響されないのです。例えば光源をフラッシュライトとした場合、フラッシュライトがみなさんの手の中にあっても、高速で飛翔しているロケットに取りつけられていても、放たれる光の速さはcで変わりはありません。

同時にアインシュタインは、1905年に発表した特殊相対性理論の論文の中で、いかなる慣性座標系——「一定の速さで直進している乗り物や場所」——においても物理法則に変わりはないとも見なしています。

　固定され動くことのない特別な場所は存在せず、それゆえ光が伝わるのに使う静止したエーテルなどというものも存在しないのです。すべてのものは、他のものとの相対的な関係の中で動いています。みなさんが、自分は静止していると思っても、火星人から見れば宇宙の中でくるくる回転しているのです。

何が問題なのか

　これらの考えから導かれる結論は難解です。一例をあげれば、異なる基準系に置かれた時計を比べると、時計が指す時間が異なってしまい当てにならない可能性があるのです。みなさんが超高速で通り過ぎるのを私が見ているとします。このとき私が、みなさんの腕時計を自分のものと比べると、みなさんの時計がゆっくり動いているように見えるはずなのです。

　また、ある観測者から見て同時に起きたできごとも、他の基準系にいる観測者から見れば同時ではないということになります。

　「奇跡の年」と呼ばれる1905年に、アインシュタインはさらに3本の科学論文を発表しています。光電効果の論文はアインシュタインにノーベル賞をもたらしました。他の2つは液体中の分子の運動を研究したブラウン運動についての論文と、質量とエネルギーの等価性についての論文です。質量とエネルギーに関する論文は特殊相対性理論から展開したもので、世界で最も有名な関係式である$E = mc^2$を導く土台になりました。

　1908年に、以前アインシュタインを教えたことがあるヘルマン・ミンコフスキーが、特殊相対性理論を空間だけでなく時間を加えた四次元の時空で説明し直しました。アインシュタインは当初、ミンコフスキーの四次元時空という考え方に懐疑的でしたが、後に四次元を受け入れるだけでなく、一般相対性理論に不可欠なものだと考えるようになりました。

　アインシュタインが1905年に発表した理論は、観測者が慣性座標系にいるという特殊な場合に限定されることから、特殊相対性理論と呼ばれています。加速度と重力を考慮に入れると、一般相対性理論が必要になります（116ページ参照）。

1908-13年の研究

● 研究者 ·····················
アーネスト・ラザフォード、
ヨハネス・ウイルヘルム・
ガイガー、アーネスト・マ
ースデン
● 研究領域 ···················
原子物理学
● 結論 ·······················
原子は中心に高密度の原子
核があるが、それ以外の大
部分は単なるすき間でしか
ない。

世界はなぜ
すき間だらけなのか？

砲弾とティッシュペーパー

「原子物理学の父」と呼ばれるアーネスト・ラザフォードは、ニュージーランドで農業従事者の息子として生まれ、ジョゼフ・ジョン・トムソン（86ページ参照）の指導を受けました。カナダのマギル大学での放射性崩壊の研究が評価され、1908年にノーベル賞を受賞しています。この研究では、放射能を持つ元素から3種類の放射線が放出されていることが確認され、ラザフォードはアルファ線、ベータ線、ガンマ線と名づけました。その後イングランドのマンチェスター大学に移ったラザフォードは、アルファ線が実際はヘリウムの原子核が粒子として飛び出したものであることを示しました。現在では、ヘリウムの原子核は陽子と中性子各2個が結びつき、2個の正電荷を持つことが知られています。

原子の構造

トムソンは、電子は負の電荷を持つ微小な粒子であることを示しました。そして、原子の中で電子以外の構成要素は球状にまとまって正の電荷を帯び、その中に電子が散在しているという「プラム・プディングモデル（88ページ参照）」を予想していました。

そこでラザフォードは、アルファ粒子を他の原子に浴びせてみようと考えました。原子の構造について何かがわかるかもしれないと考えたのです。ドイツから招かれていた科学者のヨハネス・ウイルヘルム・ガイガーと、その弟子のアーネスト・マースデンと共同で骨の折れる実験に着手しました。

ラジウムのアルファ粒子を使うことにしたため、ラジウムからいくつのアルファ粒子が放出されるかを調べることになりました。ラザフォードとガイガーは、ガラス管の中に空気と1組の電極を入れた検出器をつくります。個々のアルファ粒子は空気を電離させパルスを発生させるため、パルスの数を数えてアルファ粒子の数を知ろうというのです。このシンプルな検知器が、後に有名なガイガー・カウンターへと発展していきます。

　実験の結果、ガラス管内の空気で散乱してしまうアルファ粒子があまりにも多く、ラザフォードを驚かせます。そこで他の物質を使って散乱について調べるよう、ガイガーとマースデンに指示しました。ガイガーらは金箔を使うことにしました。金という単一の物質でつくられ、極めて薄く伸ばせるからです。

　まずガイガーらは2mの長さのガラス管をつくり、一端に試料のラジウム（91ページ参照）を置きました。ラジウムからアルファ粒子が放出されます。ガラス管の中央部には0.9mm幅の薄いスリットがあり、細い放射線のみが通過できるようにしました。反対側の端には燐光を発するスクリーンがつけられ、アルファ粒子がぶつかると光るようになっています。ガイガーたちはシンチレーション（粒子がスクリーンに衝突した際に生じる光）を数え、その分布を確認するために顕微鏡を用いました。そのため、暗い部屋で顕微鏡をのぞきながら何時間も過ごし、スクリーン上の発光を数えることになったのです。

金でばらまき

　ガラス管内の空気が抜きとられている場合には、スクリーンに細く線状にまとまったシンチレーションが見られました。しかし管内に空気を入れると、ポリエチレンのシート越しにフラッシュをたいたように、シンチレーションがスクリーン全体に大きく散らばりました。管内を真空にして、中央部のスリットを金箔で覆った場合も同じことが起きました。空気の分子も金の原子も、同じようにアルファ粒子をまき散らす働きをしたのです。

　ラザフォードが事前に予測していたように、もし金の原子の構造が、正の電荷を持つ球状の粒子が漠然と散らばっているだけ（プラム・プディングモデル）であるなら、アルファ粒子の進路が変えられるとしても非常に小さい角度でしかなく、大半の粒子は直進を続けるはずでした。そのためラザフォードは、散らばった粒子の多さにひどく驚かされます。そして、粒子の中に大きな角度で散乱するものがあるのか確認すべきだと考えました。

大きな角度で散乱しているのか？

　ガイガーとマースデンは新たな実験装置をつくりました。粒子を通さない鉛の板を置き、ラジウム（アルファ粒子源）から直接スクリーンに粒子が向かわないようにしました。また、45度前後の角度で放出された粒子だけが反射板（金箔）に到達するようにし、さらに金箔でも45度前後で反射された場合のみ、粒子がスクリーンに到達するようにしたのです。鏡を置いてパーティションの向こう側が映るようにするのと同じ要領です。実験の結果、やはり粒子は散乱していました。さらに金は、より密度が低いアルミニウムよりも粒子を散乱させることが判明しました。

　この実験と他の同様の実験から、ガイガーとマースデンは、粒子を反射させやすいのは（a）密度の高い金属、（b）重い原子、（c）低速の粒子という順番だろうと推測しました。なお、ごく少数ですが90度を超えた角度ではね返った粒子もありました。

　ガイガーらがこの結果を報告すると、ラザフォードは自らが指示した実験であるにもかかわらず驚きました。ケンブリッジでの講義でラザフォードは、15インチ（約38.1cm）砲の砲弾を発射したら、ティッシュペーパーで跳ね返されて戻って来るようなもので、ほとんど信じがたいことだと感想を述べました。

　　「私は熟考した末に、後方への散乱（反射）は単一の衝突の結果に違いないと理解した。計算してみると、原子の質量の大部分が微小な原子核に集中していない限り、（単一の衝突による散乱が）実験結果のような規模で起きるはずがないと確認できた。質量が大きく正の電荷を持つ原子核が、原子の中心に位置するというモデルを思いついたのはこのときだった」

　この考え方では、以下の点がポイントになります。もし正の電荷を持つ粒子が原子内全体に散在しているなら、アルファ粒子を大きな角度で散乱させることはありません。ですが正の電荷が原子核に集まって小さな固い塊になっているのなら、大半の粒子は原子核と衝突しませんが、まれに衝突する粒子も出てきます。その場合、バットで野球のボールを打つように、粒子はもと来た方向へと弾き飛ばされるのです。

　ラザフォードは、原子の内部は何もない空間が大半を占め、正の電荷を持つ小さな原子核が中心にあり、そして電子が原子核の周りを飛び回っているのだろうと結論を出しました。

絶対零度で
金属はどのようになるか？

超伝導と低温の関係

> **1911** 年の研究
> ● 研究者………………………
>   ヘイケ・カメルリング・オネス
> ● 研究領域……………………
>   電気学
> ● 結論…………………………
>   著しく低い温度で超伝導体になる金属がある。

　温度が絶対零度に近づくと奇妙な現象が起き始めます。ロバート・ボイル（37ページ参照）は実現可能な最低温度について議論し、後の研究者たちは、一定量の気体の体積は、温度が下がるにつれて着実に小さくなることを発見します。そして−270℃近くで体積がゼロになりそうだと考えました。

　ジェームズ・ジュールが熱の仕事当量を明確にし（72ページ参照）、ケルヴィン卿が熱力学原理から絶対零度は−273.15℃になるだろうと計算していました。絶対温度は、現在ではケルヴィンまたはランキン度という単位で表され、絶対零度は０K（または０R）、氷の融点は273.15K（491.67R）とされています。

低温学

　1882年、オランダの物理学者カメルリング・オネスがライデン大学の実験物理学教授に就任しました。オネスは低温物理学の研究のため、1904年に大規模な低温学実験室をつくりました。そして1908年7月10日、この実験室でヘリウムガスを4.2Kにまで冷やして、ようやく液化させたのです。オネスは残っていた気体をポンプで吸出し、温度を1.5Kまで下げました。この温度は当時としては低温の新記録でした。

　ケルヴィン卿は、このような極端な低温では、金属の電気抵抗が著しく増大し、電子が流れなくなるのではないかと予想しました。しかしオネスは同意しませんでした。1911年4月11日、オネスが固体水銀のワ

イヤーを4.2Kの液体ヘリウムに浸したところ、電気抵抗は完全に消え去っていました。有頂天になったオネスは手記（暗号化されており100年後まで解読されませんでした）に次のように記しています。

「水銀は新たな状態に変化した。尋常ではない電気的性質から、超伝導状態と呼ばれるであろう」

　この非常に重要な発見は、以後数十年間の低温学の時代を切り開くものとなり、実際の実験機器への応用も多数にのぼりました。例えば大型ハドロン衝突型加速器（169ページ参照）は1600個の超伝導電磁石を1.9Kの低温にするため96トンの液体ヘリウムを使います。

　絶対零度ではありませんが、1999年にはロジウムの小片を0.000,000,000,1Kという、絶対零度に極めて近い低温にまで冷やすことに成功しています。

　液体ヘリウムが2.17K以下に冷やされると表面張力や粘性がゼロになる超流動状態を示します（超流動体）。超流動体をカップやビーカーに入れると、超流動体の薄い層が容器を昇って縁からあふれ出し、やがて容器内からすべての超流動体が外に出てしまいます。この現象は、「オネス効果」と呼ばれています。

雲をつかむような話で
ノーベル賞を手にできるか？

霧箱が科学上の発見に与えたインパクト

> **1911**年の研究
>
> ● 研究者..........................
> チャールズ・トムソン・リーズ・ウィルソン
> ● 研究領域........................
> 気象学、粒子物理学
> ● 結論............................
> 霧箱の発明が、物理学における思いがけない発見につながった。

　ある人物が山頂でふと思い浮かべたことが、粒子物理学を飛躍的に進歩させた話です。スコットランドの農業従事者の息子として生まれたチャールズ・トムソン・リーズ・ウィルソンは、薬学を学ぶつもりでした。しかしケンブリッジ大学に進学してから、物理学に魅かれるようになり、そして気象学に特に強い関心を抱きました。

　1883年、スコットランド気象協会は広く募った寄付金を使い、英国の最高峰ベン・ネビス山の山頂に観測所を建設しました。ベン・ネビス山はスコットランドのフォート・ウィリアム近くにそびえ立つ、標高1,344mの山です。住み込みの所員が毎時の降水量、風向風速、温度などを記録しましたが、ときには命の危機にさらされるようなこともありました。残念なことに政府が観測所の維持を断念したため、1904年に閉鎖されました。

　まだ観測所が稼働していた1894年夏、観測所の手伝いにいく若い物理学者たちの中にウィルソンがいました。観測所に到着したのは9月でした。

ウィルソンはある早朝、山の最高点近くに立っていました。正面は絶壁で、はるか下へと落ち込んでいました。ウィルソンは西を向いて立っており、背後に昇ってきた太陽が、ウィルソンの影を眼下の雲に投げかけています。突如ウィルソンは、見事な眺め——ブロッケン現象——を目にします。ブロッケン現象によって、ウィルソンの影の頭の周りに、美しい虹色の光の環が出ていました。

この眺めを驚きつつも喜んで眺めたウィルソンは、雲の性質を調べようと決意します。しかし観測所での2週間の手伝いも終わり、ケンブリッジに戻らなければなりませんでした。ケンブリッジは平地にあり、雲が興味をひくような動きや現象を見せることもありません。そこでウィルソンは霧箱をつくることにしたのです。フラスコの中に人工的な雲を発生させようというのです。

瓶の中の雲

ガラス瓶を何個も試作し、ウィルソンはようやく大きなフラスコに付属品がついた形状の霧箱をつくり上げました。ウィルソンは霧箱を湿った空気で満たし、すばやく内部の気圧を下げました。その結果、内部の空気は水蒸気で過飽和状態となり、わずかに水滴が見られるようになりました。おそらく、ほこりが凝結核になって水蒸気が集まったのでしょう。しかし、お目当ての雲のようなものをつくることはできず、ウィルソンはがっかりしました。ウィルソンは、イオン化した空気の分子がどのように糸状の雲をつくるのかに研究の焦点を移しました。

1895年後半にX線が発見された（83ページ参照）ことから、1896年初め、ウィルソンはX線を霧箱の中に通してみることにします。すぐに濃い霧が瓶の中に発生しました。何年も後にウィルソンは当時を振り返り、「霧をつくれたときの喜びは、今でも生き生きと思い出せる」と記しました。X線が空気の一部をイオン化したことは明らかでした。X線が分子中の電子をはじき飛ばした結果、分子が正の電荷を持つイオンになり、このイオンが凝結核となって水滴が生じたのです。

続く数年間、ウィルソンはほとんど研究を進められず、1900年から1910年にかけては教師として忙しい日々を過ごしました。1910年にウィルソンは「アルファ線とベータ線の微粒子の

性質をより明確に推測できるようになった。水分が非常に多い空気中をそれらの粒子が通ると、周囲の分子をイオン化し、イオンに水蒸気が凝結して水滴が発生する。この水滴によって粒子の軌跡を見えるようにし、写真に撮影できるのではないかともくろんでいる……」と書いています。

　1911年の初めにウィルソンは霧箱の実験を再開しました。そして電荷を持つ粒子が飛行機雲のように、本当に軌跡を残すことを確認できたのです。これは粒子の軌跡を可視化した最初の事例でした。ウィルソンはすぐに、個々の電子やアルファ粒子の軌跡を写真撮影しました。ウィルソンによれば、電子は「細くたなびく糸状の雲」のような軌跡を残したそうです。

驚くべき発見

　ウィルソンは1923年に、霧箱での実験で完璧な成果を出し、電子の軌跡の美しい写真を添付した論文2本を発表します。論文は世界中で関心をひき、パリ、レニングラード、ベルリン、東京ではすぐに霧箱の実験が行われました。霧箱は陽電子の発見、電子と陽電子の対消滅、原子核変換を実証するのに役立ちました。さらに霧箱によって宇宙線の研究（138ページ参照）が可能になったのです。ラザフォード（98ページ参照）は、霧箱は「科学史上、最も独創的ですばらしい器具」だと述べています。

　ウィルソンは1927年、「過飽和状態の空気により、帯電した粒子の軌跡を可視化した」功績を讃えられノーベル物理学賞を授与されました。ただし、ウィルソンが霧箱を発明した目的は、この受賞理由とはまったく異なるものでした。ウィルソン自身は「私の科学における成果はすべて、間違いなく実験から生まれたものであり、その実験に私を導いたのは、ベン・ネビス山で過ごした1894年9月の2週間の経験なのである」と書き残しています。

1913年の研究

- 研究者··········
  ロバート・アンドリューズ・ミリカン、ハーヴェイ・フレッチャー
- 研究領域··········
  素粒子物理学
- 結論··········
  電気素量は約$1.6×10^{-19}$クーロンである。

電子の電荷は計測できるだろうか？

電子を分析する

　1897年に電子を発見したジョゼフ・ジョン・トムソン（86ページ参照）は、電子の電荷と質量の比も計測していました。しかし電子の電荷も質量も、実際の値は誰も知らなかったのです。比がわかっている以上、電荷が判明すれば質量は計算できました。

　ロバート・アンドリューズ・ミリカンは1910年にシカゴ大学の教授に就任する以前に、すでに油滴を使った実験を開始していました。大学院生のハーヴェイ・フレッチャーに手伝ってもらい、本質的にはシンプルな実験のための装置を整えたのです。

極小の電荷を測る

　ミリカンたちは香水噴霧器を利用して、微小な油滴をタンク内の観測区画の上に噴霧しました。そして顕微鏡をのぞいて、油滴がどれほどの速さで落下するかを観測しました。

　次にミリカンらはX線を照射して、観測区画内の空気の一部をイオン化します。X線によって分子から電子がはじき出され、正に帯電するのです。そしてイオン化した分子の1つが油滴と衝突すると、正の電荷が油滴に移ります。重力が油滴に与える影響には違いは生じませんが、観測者が電場で油滴に影響をおよぼすことは可能になります。

　観測区画の上下には金属板が設置され、最大5,300ボルトで、下側の

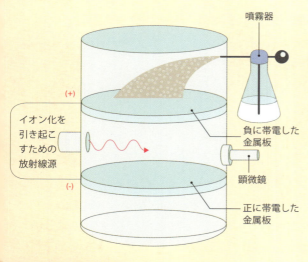

電子の電荷を測る

金属板は正に、上側の金属板は負に帯電させられました。この2枚の金属板がつくる電場は重力に逆らう力を油滴におよぼし、正に帯電した金属板から負に帯電した金属板の方向へ油滴を押し上げます。観測者は、油滴がそのまま落下し続けるか、落下を止めるか、逆に上方に動くかを確認し、速さを観測できるのです。

　ミリカンたちには、個々の油滴に何個の電子が移ったかはわかりませんでしたが、電荷の測定値から、基本となる値が存在するのではないかと推測しました。油滴1滴の電荷は、この基本値の2倍、3倍…5倍というように整数倍になると考えたのです。

　空気の粘度と実験時の温度はわかっていました。また、非常に小さな油滴に粘度がおよぼす影響も把握していました。そのため落下する速さから、油滴ごとの有効重量を計算できるのです。

電場

　ミリカンらはスイッチを入れて電場を発生させ、油滴が落下も上昇もしない電圧を慎重に探りました。時間がかかる困難な実験でした。ミリカンは58個の油滴を調べたと主張しており、ときには観察時間が5時間を超えるケースもありました。油滴が空中にとどまっている場合には、油滴にかかる重力と、油滴を持ち上げる電場の力が釣り合っています。そしてこのときの電圧から、電場の力を計算できました。また油滴の質量はわかっていたので、油滴が持つ電荷量も計算可能でした。

　さらにミリカンとフレッチャーは、下側の金属板（正に帯電）の電圧を上げ、油滴が持ち上げられるのを観察しました。そして油滴が動く速さから、ミリカンらは再び油滴の電荷量を計算したのです。

　数多くの実験をくり返したミリカンたちは、電荷の基本となる値は1.592×10^{-19}クーロンに違いないと結論を出しました。現在用いられている値は1.602×10^{-19}クーロンですから、ミリカンとフレッチャーが求めた値の誤差は1％以内ということになります。この小さな差異は、空気の粘度として正しくない値を使ったためと思われます。

種々の発見

　この実験結果が重要な理由はいくつもありました。まず電荷が離散的な値をとり、トーマス・エジソンをはじめとする多数の科学者が予想していたような連続的な値ではなかったことが示されました。

　次に、ミリカンらが求めた値が電荷の最小値であるなら、電子1個の電荷（電気素量）であることは確かです。

　そして3つ目ですが、電気素量からアボガドロ数（後に「アボガドロ定数」と呼ばれます）が定まります。アボガドロ数は、イタリアの科学者ロレンツォ・ロマーノ・アメデオ・カルロ・アヴォガドロ・ディ・クァレーニャ・エ・ディ・チェッレート（クァレーニャおよびチェッレート伯）の名前をとって名づけられました。アヴォガドロは1811年、同温同圧下では、すべての気体の体積は含まれる粒子（分子または原子）の数に比例すると示唆しました。アボガドロ数は6×10^{23}で、水素1g、炭素12g、酸素16g、鉄56gにそれぞれ含まれる原子数と同じです。

　しかしミリカンが発表した論文は物議を醸すことになります。ミリカンが実験結果のおよそ半数を破棄していたためです。恣意的なデー

タの選別はやってはならないことであり、明らかな詐欺行為につながるものです。実際にはミリカンが切り捨てたデータを取り入れても、最終的な結論には影響しませんでしたが、統計的な誤差は拡大したはずです。

　ミリカンの実験では、空中に漂う液滴を顕微鏡で観測するという、退屈な作業が欠かせませんでした。当然のことながら、大学院生のハーヴェイ・フレッチャーがそのような作業のほとんどを担当しました。しかし極めて異例な取り決めが行われ、論文はミリカンの名前だけで発表されたのです。その代償としてフレッチャーには、関連する実験結果を博士論文に利用し、その際に自分の名前のみを載せることが許されました。その結果、フレッチャーは博士号を取得し、ミリカンは1923年にノーベル物理学賞を授与されました。

　ミリカンはアインシュタインが1905年の論文で示した光電効果を信じず、アインシュタインが間違っていることを証明するため、長期間に渡って難しい実験を続けました。その結果、アインシュタインが正しいことが証明されてしまい、ミリカンは次のように述べました。「アインシュタインの1905年の方程式を試すため10年という歳月を費やした。そして1915年、私の期待とは正反対に、アインシュタインの非論理的な説は正しいのだと主張せざるを得ない立場に立たされてしまった」

1914年の研究

- **研究者**
  ジェイムス・フランク、グスタフ・ルートヴィヒ・ヘルツ
- **研究領域**
  量子力学
- **結論**
  量子力学の理論が、事実上初めて提示された。

量子の振る舞いは想像を絶するようなものなのか？

量子ジャンプ

　気化している水銀の原子は、飛び交う電子にどのような影響を及ぼすのでしょうか。ベルリン大学で共同研究をしていたフランクとヘルツは、1914年4月14日に最初の共同論文を発表しました。論文では、陰極から電子を放出させ、空気を抜いた管内で金属のグリッド（格子）を通して、陽極へと向かわせる方法が述べられていました。

　電子は負の電荷を持っているため、正に帯電したグリッドに引き寄せられます。グリッドの電圧が上昇すると、電子はより速く引き寄せられます。そしてグリッドと陽極には逆電圧——ただし陰極とグリッドにかかっている電圧よりも弱いものです——がかかっており、十分な速さの電子だけが陽極にたどりつくようになっていました。

　管内に水銀を1滴入れておいて空気を抜き、115℃まで熱することで、管内を水銀蒸気で満たしました。この状態の中を通る電子は、漂う水銀原子と衝突しやすくなります。

　フランクたちは電流——陽極までたどりついた電子の流れ——を測定しました。その結果、グリッドの電圧を4.9ボルトまで上げている間は、電流の大きさも徐々に増えていきました。ところが4.9ボルトに達すると、突如、電流がほとんど流れなくなったのです。これは、

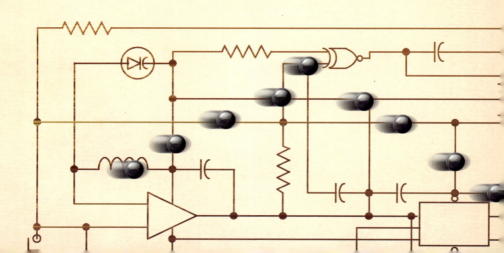

秒速130万mまで達していた電子が、急に飛んでこなくなったことを意味します。

　フランクらは実験を続け、グリッドの電圧をさらに上げてみました。すると電流が再び増加し始めましたが、グリッドの電圧が9.8ボルトに達すると、電流はまたも急激に減少しました。グリッドの電圧が14.7ボルトになったときも同様の現象が見られました。

　どうやら水銀原子と1回衝突した電子が失うエネルギーはちょうど4.9電子ボルトで、それ以上でも以下でもないようです。より高いエネルギーを持って高速で動いていた電子の場合は、4.9電子ボルトだけ失い、さらに運動を続けたのです。フランクとヘルツは、この4.9電子ボルトという値が、多数ある水銀の原子スペクトルの1つである254ナノメートル（nm）のものに対応することを指摘しています。

何が起きているのか？

　最初、フランクとヘルツは、水銀原子が飛んできた電子によってイオン化されたのではないかと考えましたが、ニールス・ボーアが新たな原子モデルを提示し、ヒントを与えてくれました。ボーアはすでに前年に論文を発表していたのですが、フランクとヘルツはまだ読んでいなかったのです。

　ジョゼフ・ジョン・トムソンの「プラム・プディングモデル」（88ページ参照）は、ラザフォードのモデル（98ページ参照）に淘汰されました。ラザフォードのモデルは、小さな原子核の周りに何もない空間が広がり、そこを電子が飛び回っているというものでした。電子は原子核を中心とする周回軌道を描いていると予想されていました。ただしラザフォードのモデルには大きな問題がありました。飛び回る電

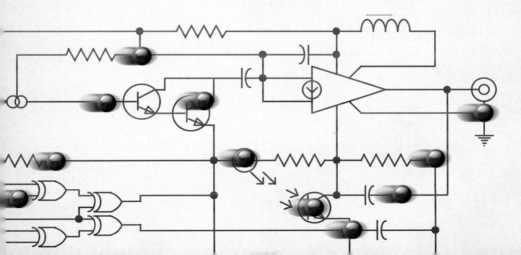

子は光を発するのに、原子は光を発しないのです。さらに負の電荷を持つ電子が、正の電荷を持つ原子核と衝突するはずなのですが、そのような現象が見られないのです。

エネルギーの流れが続いているのか？

　ドイツの物理学者マックス・プランクは、エネルギーは連続した流れではなく、「量子」という離散的なパケットの形で運ばれているのではないかと示唆しました。またアインシュタインは1905年の光電子効果の論文で、光量子が光の正体であると示しました。

　コペンハーゲンではニールス・ボーアが、これらと同様の考え方を電子にも適用できないか思案していました。ボーアは新しい原子モデルを提唱し、電子は原子核の周りを飛び回っているものの、電子ごとのエネルギー状態（準位）によって特定の電子軌道（ボーアは「定常軌道」と呼びました）に収まっていると主張したのです。最もエネルギー準位が低い電子軌道には最大2個しか電子は入れません。そして定まった電子軌道よりも内側に入り、原子核に近づくことはできないのです。もう1つ上の準位に対応する電子軌道には、電子は最大6個入り、その次の軌道には最大10個という具合です。光と同様に量子化され、各レベルの大きさとエネルギーが固定されているというのです。

電子

原子核

量子ジャンプ →

ボーアのモデル

　そして電子のエネルギーが決まっただけ増えると、より外側の電子軌道に移れる——空きスペースがあればの話です——とされました。また同じだけのエネルギーを電子が失った場合には、1つ内側の電子軌道に移ります。

　ボーアは、フランクとヘルツの実験に現れた4.9ボルトという電圧は、水銀原子内の2つの電子軌道のエネルギー準位の差に対応するのではないかと指摘します。水銀原子の中の電子が励起し、1つ上の電子軌道に対応するエネルギー準位に移ったのではないかと考えたのです。

112

ボーアはさらに、高い電子軌道に上った電子がもとの電子軌道に戻るとき、波長254nmの紫外線を放出するのではないかとも指摘しました。

　フランクとヘルツが1914年5月に発表した2本目の論文によると、フランクらの実験環境では、水銀が発した光はほぼすべてが254nmの波長だったそうです。そして、これは励起した水銀原子が「基底状態」に戻ったことを裏づけるものだとしています。

実験結果の解釈

　それでは、もともとのフランクとヘルツの実験結果を解釈してみましょう。水銀原子内の電子は、4.9ボルトよりも小さい電圧では励起しませんでした。量子化されたエネルギー準位間の最小差は4.9電子ボルトであり、これだけのエネルギーが増えて、初めて次の準位に移れるからです。

　グリッドの電圧が4.9ボルトより小さい場合、電子は水銀原子と衝突しても跳ね返されるだけで、そのままグリッドと陽極へ向かいました。しかし電圧が4.9ボルトになると、大半の電子は、水銀原子を励起させられるエネルギーを持って原子に入り込みます。そして飛び込んだ電子はエネルギーを失うため、それ以上、陽極に向かって進むことができないのです。その結果、電流はゼロ近くまで落ち込んだのです。

　電圧が9.8ボルトに達したときには、ほぼすべての電子が2個の水銀原子と次々に衝突しました。そして動けなくなる前に、水銀原子2個を励起させたのです。しかし電子が動けなくなるのは4.9ボルトのときと同じですので、再び電流はゼロ近くになりました。

　励起した水銀原子はいずれも、すぐに254nmの波長の光を出し、原子内で励起した電子はもとのエネルギー準位に戻りました。

　この実験は、量子力学の草創期の理論を裏づける初めての実験的証拠でした。フランクがこれらの結果を発表して数年後、アルバート・アインシュタインは「泣かせるほどすばらしい実験」と評しました。電子が「徐々に動く」ことなく、ある電子軌道から消え、次の電子軌道に現れることが示されたのです。例えば、火星が新しい軌道に突如飛び移ったかと思うと、もとの軌道へ再び飛び移るようなものです。これが有名な「量子ジャンプ」なのです。

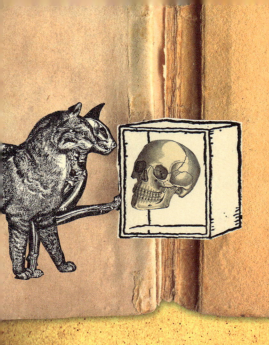

第5章 さらなる探究

1915年〜1939年

　19世紀の終わりに、物理学界の重鎮ケルヴィン卿が語った（とされる）言葉が評判になりました。
「現在の物理学には、もはや新たに発見するものがない」
　しかしそれからわずか数年以内に、特殊相対性理論と量子力学が発見され、世界を変えてしまいました。
　20世紀になると物理学は、奇妙で超自然的とも感じられる形で発展しました。1915年、アインシュタインは、重力がいかに時空をゆがませられるかを示し、ラザフォードは元素を別の元素に変換することで錬金術師の長年の夢をかなえました。また、ベルギーの聖職者は、宇宙の卵が爆発して宇宙が創生されたのだと示唆しました。

　フランスの貴族で物理学者のルイ・ド・ブロイは、電子は波のようにも振る舞う可能性があると、とんでもない主張をしました。ベル研究所のデイヴィソンとジャマーがこの主張の正しさを証明し、電子は粒子と波動の両方の性質を持つことが示されました。同時期にポール・ディラックは反物質の存在を予言し、1932年にカリフォルニア工科大学のカール・アンダーソンが陽電子を発見しています。

　「さらなる正確な計測」を求めるかわりにハイゼンベルクは、原子レベルの大きさの世界では、位置と速度の両者を正確に計測するのは不可能であることを示しました。以後、物理学は不確定性を相手とするようになったのです。

1915年の研究

- 研究者⋯⋯⋯⋯⋯⋯
  アルベルト・アインシュタイン
- 研究領域⋯⋯⋯⋯⋯⋯
  一般相対性理論
- 結論⋯⋯⋯⋯⋯⋯⋯⋯
  時間と光は重力の影響を受ける。

重力は加速度と関係があるのか?

アインシュタインの一般相対性理論

　ガリレオは大きなものも小さなものも同じ速さで落下することを示しました(31ページ参照)。では、トマトをエレベーターの中で落とそうとした途端、ケーブルが切れてエレベーターが落下し始めたと想像してみてください。エレベーターもあなたやトマトと一緒に落ちていますので、すべてが同じ速さで落下しているのです。そのためトマトはあなたの手の上にのったままです。あなたも含め、エレベーターごと自由落下しています。

　同じように宇宙船にのって地球の周回軌道を回っている宇宙飛行士も、自由落下の状態にあります。宇宙飛行士が無重力だと感じても、実際は重力によって宇宙船も飛行士も地球に強く引っ張られ、そのおかげで軌道上にとどまっていられるのです。この宇宙船内でトマトを手から落とそうとしても、先ほどの落下しているエレベーターの場合と同様、トマトは手の上にのったままです。

　ここでロケットのエンジンに点火すると、飛行士は宇宙船の後方へ押しつけられます。ちょうどロケットが地球から飛び立つ前に、飛行士が地面に押しつけられていたのと同じです。実際のところ、重力と加速度はまったく同じ働きをするのです。

　ここで触れたのはアインシュタインの「等価原理」です。アインシュタインはこの原理を自分にとって「最も幸福な考え」だと述べました。しかしアインシュタインの完全な独創というわけではなく、

ロケットの中にいる場合

地球の上に
立ち止まっている場合

『千夜一夜物語』の中には「あまりにも速く落ちるので自分の体重を感じなかった」というシンドバードの言葉が見つけられます。

加速度と時計

さて、宇宙船の船内の一番後ろに奇妙な時計が取りつけられていると考えてください。毎秒10回、ストロボが光るようになっているのです。宇宙船が地上に寝かされているときには、ストロボの光は宇宙船内の一番前に毎秒10回到達します。しかし宇宙船が宇宙空間で加速しているときには、ストロボの光が船内の一番前に届く頻度は、徐々に減っていくのです。加速中でも後方のストロボが毎秒10回光っていることに変わりはありませんが、1回光ってから次に光るまでの間に宇宙船は少しずつ速く飛翔するようになります。そのためストロボが発光するたびに、光が宇宙船前方に到達するのにかかる時間が少しずつ増えるのです。そしてストロボの光が宇宙船前方に到達する頻度は、やがて毎秒9回に落ちてしまいます。

つまり加速中の基準系（ここでは宇宙船を指します）では、前方にいる観測者から見ると後方に置かれた時計の動きは遅く見えます。ストロボの光は、重力赤方偏移の影響を受けているのです（136ページ参照）。

加速度と重力が同じ効果をもたらすため、強い重力場では時計はゆっくり進みます。これを「重力による時間の遅れ」と呼びます。

さて、今度は逆の場合を考えてみましょう。加速度がかかるか重力の影響を受けている宇宙船内の一番前にストロボつきの時計を取りつけ、観測者は宇宙船内の一番後ろにいるのです。すると時計が早く動いているように見えます。これは重力による青方偏移です。

アインシュタインは1915年の論文で重力による光の波長の変化について理論を述べ、種々の実験で裏づけをしています。1960年、ロバート・パウンドとグレン・レブカは高さ22mのタワーを使い、ガンマ線を上向きに放射した場合と下向きに放射した場合を比較し、波長が事前の計算通りに変化することを確認しました。

原子時計の実験

さらに思い切った実験が、1971年10月に物理学者ジョゼフ・ハーフェレと、天文学者リチャード・キーティングによって行われました。キーティングはアメリカ海軍天文台に勤務し、原子時計を取り扱っていました。2人は非常に精確な原子時計4個を用いて実験を行いました。2個1組で民間の旅客機にのせ、まず東回り、次いで西回りに地球をそれぞれ1周したのです。そして世界一周を果たした原子時計が指す時刻と、アメリカ海軍天文台で静かに時を刻んでいた原子時計の時刻を比べました。

一般相対性理論によれば、地球の中心から見て静止している基準系では、地上よりも空中にある時計の方が早く進みます。高度9,000から12,000m（ジェット旅客機の巡航高度）では、重力が地面よりも小さくなるからです。

　その一方で特殊相対性理論（95ページ参照）によれば、東向き（地球の自転と同じ向き）の旅客機にのせられた時計は、地上に固定された時計よりも速く移動することになるため、進み方がゆっくりになるはずです。逆に西向きの旅客機にのせられた時計は、地上に固定された時計（地球と一緒に自転していることに留意してください）よりもゆっくり移動することになり、時計の針は早く進むはずです。これらの効果が合わさった結果、事前の計算では、アメリカ海軍天文台の時計に比べ、東向きに地球を一周する時計はおよそ50ナノ秒——ナノ秒は10億分の1秒——遅れ、西向きに一周する時計はおよそ275ナノ秒進むと考えられました。そしてこの予想は見事に当たったのです。

重力と光

　それでは先ほどの軌道上の宇宙飛行士に話を戻しましょう。宇宙船全体が飛行士を含めて自由落下しているわけですから、宇宙船は1つの慣性系（97ページ参照）になっています。さて、宇宙飛行士が船内を横切る形で（宇宙船の進行方向と90度の角度で）、反対側の壁の的に向けて矢を放ったとします。しかし、ちょうどこのときエンジンが点火され、宇宙船が加速を始めたとします。宇宙船が前方に向けて加速したため矢は的からそれ、船内の後方近くの壁に当たりました。

　宇宙飛行士がレーザー光線を船内で発射した場合も、同様のことが起きます。自由落下状態であればレーザー光線は直進しますが、加速中であれば光線が曲がったかのように見えるでしょう。そして加速のしかたが急激であれば、レーザー光線は的を外してしまいます。

　重力場の中は加速度がかかっているのと同じですので、重力は光線を曲げてしまうでしょう。もし宇宙船が発射台に固定されているときにレーザー光線を放ったとすると、地球の重力によってレーザー光線は地面に向けて曲げられてしまうでしょう。ただし、顕微鏡を使わないと確認できないほどのわずかな曲がり方です。

　アインシュタインは衝撃的な新しい考えを示しました。重力という力が存在するのではなく、地球のような巨大な物体の近くでは時空（97ページ参照）自体が曲がっているというのです。そのため宇宙船が自然運動をすると、ニュートン力学のような直線運動ではなく周回軌道になるのです。

鉛を金に変えられますか？

元素変換の限界

アルファ粒子（ヘリウム原子核）を使って原子の新たな内部構造モデルを示した（98ページ参照）アーネスト・ラザフォードは、10年経たないうちに、またもアルファ粒子を衝突させて窒素を酸素に変換させました。

ラザフォードは、アルファ粒子が空気中ではそれほど長い飛程を持たないことは知っていました。さらなる研究の結果、アルファ粒子が空気を構成する分子に衝突したときに、奇妙な放射線が放出されることがわかったのです。その放射線は「硫化亜鉛を塗ったスクリーンをアルファ粒子がまったく届かない距離に置いたにもかかわらず、放射線はスクリーン上に多数のシンチレーション（放射線が衝突したときの蛍光）を生じさせた。すばやく動いてシンチレーションを生じさせる原子は、正の電荷を持ち、磁場によって偏向させられる。この原子が届く範囲と持っているエネルギーは、アルファ粒子が水素の中を通過したときに生じる、動きの速い水素原子とほぼ同じである……」

1919年の研究

- 研究者……………………
  アーネスト・ラザフォード
- 研究領域……………………
  原子物理学
- 結論……………………
  元素を変換することはできるが、鉛を金には変えられない。

「強い放射線を発するラジウムCを金属製の箱の中に入れ、箱の端からおよそ3cm離しておく。箱の端の開口部は銀の板で覆っておく。この板は、6cmの空気の層とほぼ同様に放射線の動きを阻害する。銀の板の外側に硫化亜鉛を塗ったスクリーンを設置するが、放射線吸収用の金属箔を差し込めるよう、板とスクリーンは1mm離しておく……箱の中の空気を抜き……乾燥した酸素か二酸化炭素を箱に入れるとスクリーン上のシンチレーションの数は、箱に入れた気体の阻止能に応じてほぼ予測通りに減少する。ところが箱に乾燥した空気を入れると、驚くべき現象が生じる。シンチレーションが減るどころか逆に増えるのである。金属箔を調節して放射線を吸収させた場合——約19cmの空

気の層に相当──でも、箱の内部が真空の場合に比べて2倍のシンチレーションが認められた。この実験から、アルファ粒子が空気中を通過することで、遠距離のスクリーン上のシンチレーションを増やしていることは明らかである。シンチレーションの明るさを目視で判断すると、アルファ粒子が水素ガス中を通過した場合とほぼ同じである」

　ラザフォードは、酸素ではこのようなシンチレーションは発生しないこと、そして空気の99％が酸素と窒素の混合物であることは知っていました。そのため、放射線がアルファ粒子と窒素分子の衝突によって生じる可能性が高いと考えたのです。

窒素原子を破壊する

　このような結果からラザフォードは、純粋な窒素ガスにアルファ粒子を放射してみることにしました。するとアルファ粒子放射後の生成物の中に、またも「水素原子の原子核」を発見したのです。実はラザフォードが発見したものはH^+または陽子（プロトン）と呼ぶものなのですが、当時まだ陽子は発見されておらず名前もありませんでした。そこでラザフォードは水素原子核と呼んでいたのです。この水素原子核は、衝突によって窒素の原子核からはじき出されてきたものに違いありません。

　この発見についてラザフォードは以下のように記しています。「……この飛程の長い原子がアルファ粒子と窒素の衝突によって生じたにもかかわらず、窒素原子ではなく、おそらく電荷を持つ水素原子だという結論は避け難い……もしそうであるなら、窒素原子が高速なアルファ粒子との近接衝突で強い力を受けて崩壊し、窒素の原子核の一部を成していた水素原子が解き放たれたとの結論を出さざるを得ない」

　言い方をかえれば、この実験結果からラザフォードは、水素原子核は窒素の原子核の一要素であり、さらには、すべての原子の原子核の構成要素を成しているであろうと考えたのです。水素は最も軽い元素であり、大半の元素の原子の質量は、水素原子の何倍かとほぼ等しいわけですから、このような結論を導いたとしても無理はありません。例えば水素原子の質量をぴったり1とすると、関係のある原子の質量は、炭素：12.0、窒素：14.0、酸素：16.0、アルミニウム：27.0、リン：

31.0、硫黄：32.1となります。

「運動するアルファ粒子が持つ膨大なエネルギーを考えれば、アルファ粒子に衝突された窒素原子が崩壊する一方で、アルファ粒子自身は崩壊を免れることは、それほど驚くべきことではない。実験結果から考察すると、莫大なエネルギーを保持しているアルファ粒子——または同様に放射された粒子——を実験に用いられるのであれば、質量が軽い元素の多くで、その原子核を分解できると考えられる」

核反応

ケンブリッジ大学に移ったラザフォードは、パトリック・ブラケットに、霧箱を使ってアルファ粒子の反応を調べるよう指示しました。1924年までにブラケットは2万3,000枚の写真を撮り、41万5,000のイオン化した粒子の軌跡をフィルムに収めました。そのうち8つの軌跡は、アルファ粒子と窒素の衝突で不安定なフッ素原子が生み出されたことを示していました。フッ素原子はやがて酸素原子1個と陽子1個に崩壊しました（N+He→［F］→O+H）。

ラザフォードは1920年、水素原子核は他の原子核の基本的な構成要素になれる、新たな基本粒子だと考え、これを陽子（プロトン）と名づけます。

翌年、ニールス・ボーアとともに研究をしていたラザフォードは、無電荷の粒子が、大半の原子核に存在する可能性を指摘しました。この粒子が正の電荷を持つ陽子同士の反発力を弱めているのではないかというのです。ラザフォードはこの粒子を中性子と呼ぶよう提案しました。

1919年の研究

- 研究者 ....
  アーサー・S・エディントン、フランク・W・ダイソン、チャールズ・デヴィッドソン
- 研究領域 ....
  天体物理学
- 結論 ....
  アインシュタインの一般相対性理論は正しい。

アインシュタインは正しいと証明できるか？

一般相対性理論の現実での立証

アインシュタインの一般相対性理論は議論を呼ぶものでしたが、どのような証拠があればその正しさを示せたでしょうか？

イングランドのケンダルで1882年に生まれたアーサー・S・エディントンは、クエーカー（キリスト友会）教徒の平和主義者でした。31歳でケンブリッジ大学の天文学教授に就任しました。直感力があり、星々の構造やエネルギーがどこから発するのかなどを推測し、その後、自分の直感にふさわしい証拠を探すという研究方法を採っていました。そして結構な頻度で、彼の直感の正しさが証明されていたのです。

アインシュタインの一般相対性理論（116ページ参照）を聞き知ったとき、エディントンは興奮しました。当時の英国はドイツと交戦中だったため、対外強硬論者の英国人はこの話題に関心を寄せませんでしたが、平和主義者だったエディントンは関心を抱き、英国における相対性理論の第一人者になったのです。

そのためエディントンは王室天文官フランク・W・ダイソンの研究チームに加わりました。研究チームは政府を説得し、1919年5月29日の皆既日食を利用してアインシュタインの理論の裏づけを得るため、2つの観測班を送り出すための予算を獲得しました。

予言

一般相対性理論では、重力が光の進路を曲げるとしています。はるか遠くの星からの光が太陽の近くを通ると、太陽の巨大な重力場に引っ張られます。そのため星は本来とは少しずれた位置に見えることになります。

それまで、この現象はほぼ観測不可能でした。太陽の周縁に

見えるはずの星は、太陽からの光に妨害されて観測できないからです。しかし皆既日食のときには、太陽の光が月によってさえぎられるため、数分間ですがそれらの星々が見えるのです。皆既日食の間に撮影した写真であれば、異なる時期の夜間に撮影した写真と比較できます。はるか遠くの星々の位置をチェックできるのです。

　重力による影響はごく小さいだろうと予想されていました。一般相対性理論が正しければ、光の進路は数分の角度で曲がるはずです。なお円周は360度で、その１度を60等分したものが分です。分をさらに60等分すると秒になります。太陽の周縁に現れる星々は、本来見えるはずの位置よりも、少し（太陽から見て）外側に現れるはずでした。ニュートン学説によれば星の光は0.87秒（つまり１秒未満です）曲がるはずでしたが、アインシュタインは1.75秒と、その２倍は曲がるはずだと予言していました。

地球上のどこで観測するか？

　皆既日食が見られる地点は、ブラジルから大西洋を横断してアフリカ中央部のタンガニーカ湖まで移動する見込みでした。研究チームはブラジルのソブラルと、中央アフリカの西のギニア湾に位置するポルトガル領プリンシペ島に観測班を送ることにしました。

　研究チームは最高の性能の望遠鏡を集め、折り畳み式の小屋を特注し、1919年３月８日にアンセルム号に乗り込みます。ブラジルに向かう観測班は３月23日にブラジルの海岸に上陸し、ソブラルまでは蒸気船と鉄道を乗り継ぎました。

　一方、プリンシペ島に向かう観測班がアンセルム号に乗っていたのはマデイラまでで、その先はポルトガル号に乗り換え、４月23日に島に到着しました。観測班は壁で囲まれた囲い地に観測機材を設置しました。囲い地は西に面し、眼下には海が広がっていました。

皆既日食当日

　ブラジルは朝のうちは曇りでした。第１接触（月が太陽を隠し始めたとき）の時間になっても空の９割は雲で覆われていまし

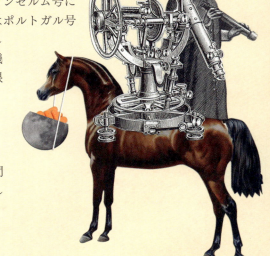

たが、搬入した複数の望遠鏡を正確な方向に向けて一列に並べる作業に問題はありませんでした。その後、雲は徐々に途切れ、太陽が完全に隠れる第2接触の1分前には、太陽の周囲の雲は消えていました。太陽が隠れると観測班はメトロノームを動かし始め、メトロノームが10回拍子を刻むたびに観測員の1人が合図の声を出しました。こうして観測班は露出時間を計ったのです。2台のカメラを使用し、撮影に使った乾板は全部で27枚でした。

プリンシペ島の観測班はこれほど幸運ではありませんでした。皆既日食当日は朝から激しい雷雨でした。太陽が完全に隠れるのは午後2時15分の予定です。午前中の大半の時間は厚い雲に覆われていましたが、午後1時15分には流れる雲越しに太陽を見られるようになりました。観測班はやっとの思いで16枚の写真を撮影しましたが、役に立ったのは7枚だけでした。

プリンシペ島の観測班の災難は続き、汽船会社のストライキのおかげで島に閉じ込められました。ようやくイングランドに戻ったのは7月14日でした。

観測結果と結論

この遠征は45ページという長い論文にまとめられました。表と計算に多数のページが割かれていましたが、結局のところ観測地点ごとの光の曲がり方は以下のとおりでした。

ブラジル　　1.98秒±0.12秒
プリンシペ　1.61秒±0.30秒

どちらの結果も、ニュートン学説の0.87秒よりは、一般相対性理論から計算されていた1.75秒に近い値となっており、アインシュタインの理論の強い裏づけとなりました。なお、上記結果の「±」は見積もられた誤差です。そのためブラジルでの観測結果は1.86秒から2.10秒の間になります。

1920年代と30年代にエディントンは、相対性、原子、星、宇宙論に関して多数の一般向け書籍を執筆しています。また講演依頼とインタビューにも積極的に応じました。ラジオにも出演し、すっかり有名人になりました。

粒子はスピンするか？

シュテルンとゲルラッハの実験

1920年頃、科学者たちの間で当時最先端の量子力学と原子の構造について議論が戦わされました。古典的な（ラザフォードの）モデルでは、負の電荷を持つ電子が、正の電荷を持つ原子核の周りを飛び回っているとされていました。このモデルでは、電子と原子核はあたかも小さな磁石のように振る舞うことになり、磁石であればファラデーの時代（66ページ参照）から解明が進められていました。

磁石のように振る舞うとすれば、多数の原子からなるビームは磁場を通過する際に曲げられます。微小な磁石は磁場に引き寄せられるか反発するからです。また磁場は均一ではないため、例えばN極の影響はS極よりも大きい（あるいはその逆）という現象が見られるはずです。1つ1つの原子はさまざまな方向を向いていますから、ビームはあらゆる方向に等しく曲げられるはずです。つまり古典的な理論では、ビームは全方向に分散すると予測されるのです。ビームをスクリーンに当てれば、原子が当たる位置は広く散らばるはずでした。

粒子のスピン

量子力学のパイオニアであるニールス・ボーアは、粒子の「スピン」による磁気モーメントは$+1/2$と$-1/2$にしかならないと主張しました。このように磁気モーメントが2つの値しかとらないのは、原子の磁気モーメントがそろっている（分子配向）ためではなく、スピンが持つ量子的な性質によるものです。もしこの主張が正しいならビームは2つにわかれ、スクリーン上の2点に当たるはずです。オットー・シュテルンはドイツ系ユダヤ人で、現在はポーランド領となっている地域で生まれました。アインシュタイ

1922 年の研究

- ●研究者……………
  オットー・シュテルン、ワルター・ゲルラッハ
- ●研究領域……………
  原子物理学、量子力学
- ●結論……………
  電子のスピンの仕方は2通りしかない。

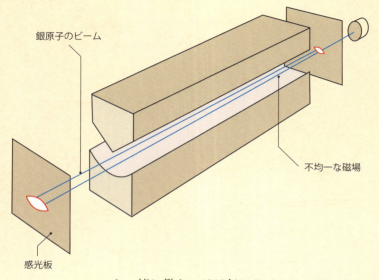

銀原子のビーム
不均一な磁場
感光板

**有核原子の
スピンの実験**

ンと一緒に働き、1915年にドイツのフランクフルトに移り住みました。ワルター・ゲルラッハもドイツの物理学者で、第一次世界大戦ではドイツ陸軍に従軍し、1921年にフランクフルトで教授に就任します。2人は1921年の終わりに、のちに有名になる実験の計画を練りあげました。シュテルンは「この実験を行うことができれば、量子論的な見方と古典的な見方のどちらが正しいかが明確になる」と述べています。しかしシュテルンはロストック大学の教授となり、1933年には移民としてアメリカ合衆国に居を移してしまいます。

量子論の勝利

　フランクフルト大学では1922年初めにゲルラッハが、銀の原子からなるビームを磁場に通すという実験を行いました。ボーアとゾンマーフェルトの当時最新の量子論では、銀原子の原子核はスピンしているはずでした。
　磁場が均一な場合には、ビームはスクリーンに1本の太い帯を描きました。ゲルラッハが磁場を不均一にしてみると、太い帯は中央からわかれて2つの線になりました。線は両端でくっつき、唇紋（リッププリント）のような形をしています。

一見すると量子論の勝利であり、ボーアとゾンマーフェルトのモデルの正しさが証明されたかのようでした。

しかし…

　不運なことに、ボーアとゾンマーフェルトは間違っていたのです。銀の原子核はスピンしていません。3年後にジョージ・ウーレンベックとサミュエル・ゴーズミットが提唱するまで誰も知らなかったのですが、スピンしているのは電子なのです。銀の原子は23組の安定した電子を持ち、最も外側の軌道には単独で飛び回る電子が1個あります。この単独の電子のスピンが、ビームを2つにわける原因になったのです。なお、原子番号が奇数の元素はどれも奇数個の電子を持ちます。水素、リチウム、ホウ素、窒素、フッ素、ナトリウム、そして銀などです。

　つまりシュテルンとゲルラッハの実験は正しい結果を出したものの、解釈が間違っていたのです。そしてこの実験は、量子力学において、量子化の最も直接的な証拠を示すのに成功した初めての実験でした。スピンは2つの状態しかとれないことを示したのです。

　のちに同様の実験が何回も行われ、原子にもスピンしているものがあることがわかりました。1930年代にはイジドール・ラビが、スピンの状態を変えられることを示し、病院で使われている磁気共鳴映像法（MRI）の基礎を築きました。1960年代に入ると、ノーマン・F・ラムゼーがラビの装置を改良して原子時計をつくりました。

　ゲルラッハが1人で実験を行ったにもかかわらず、シュテルンのみにノーベル賞が授与されました。ゲルラッハはシュテルンが去った後、ナチス・ドイツに協力していたため、共同受賞を辞退したと思われます。それでもシュテルンとゲルラッハの実験は、量子物理学における重要な実験として称賛されています。

1923-27年の研究

- 研究者……………
  クリントン・デイヴィソン、レスター・ジャマー
- 研究領域……………
  量子力学
- 結論……………
  電子は粒子的かつ波動的である。

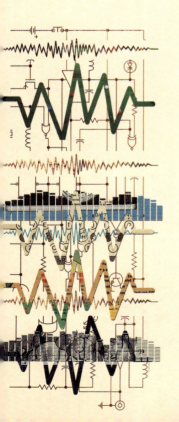

粒子は波動性を持つのか？

粒子と波動の二重性の証明

　世の中には粒子的な性質を持つものがある一方、波動的な性質を持つものもあります。それでは両方の性質を兼ね備えることは可能でしょうか？ 1924年にフランスの物理学者ルイ・ド・ブロイ——正式な名前は第7代ブロイ公爵ルイ＝ヴィクトル・ピエール・レーモン——が博士論文で、電子は波動的に振る舞うのではないかと指摘しました。さらにブロイは、すべての物質は波としての特性を持っているという大胆な意見も述べています。このような見解は古典物理学の世界では忌み嫌われるものでしたが、量子力学の世界では受け入れられました。ブロイの考えに何らかの正当性が認められたと思われます。いずれにせよ最も重要な点は、粒子が持つエネルギーと波長を結びつける方程式を彼が導き出したことでしょう。

　結局のところ、光が波動的な性質と粒子的な性質をあわせ持つことは、1905年のアインシュタインの光電効果に関する論文ですでに指摘されていました。アインシュタインはこのような光の性質を表すため光量子という言葉を使い、現代では光子（フォトン）と呼ぶようになっています。それでは、波動的かつ粒子的という性質は、他の物質にも当てはまるのでしょうか。ウォルター・エルサッサーはゲッティンゲンにいた頃、物質の波動的性質は結晶に電子線を入射したときの散乱によって調べられるだろうと提言しました。

　アーサー・コンプトンは1923年、X線をグラファイトに入射した際の散乱X線（および他の電磁波）が質量を持つように見えることから、多少なりと粒子に似た振る舞いをしていると指摘しました。

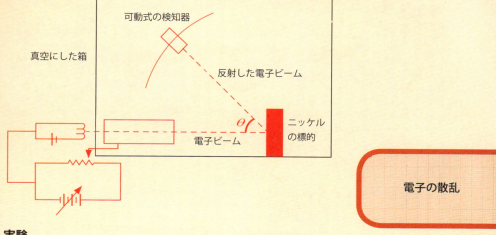

電子の散乱

実験

　1927年、ニュージャージーのベル研究所でクリントン・デイヴィソンとレスター・ジャマーがニッケルの表面構造を調べていました。そして電子ビームをニッケルの表面に照射することにしたのです。フィラメントのワイヤーを熱して電子ビームを発生させ、適度に電圧をかけて加速しました。電圧を変化させればビームのエネルギーを変えることができました。電圧を50ボルトにしたときは、電子は50電子ボルトのエネルギーを持ちました。

　実験はビームを正面からニッケルに照射し、可動式の検知器でビームの反射角を計測するというものでした。デイヴィソンとジャマーは、凸凹したニッケルの塊の表面で電子はあらゆる方向に散乱させられると予測し、実際、その通りの結果を得ます。「電子……はあらゆる速さであらゆる方向に散らされた」。ところが実験室でのアクシデントにより、２人は予想もしなかった結果に直面するのです。

幸運なアクシデント

　主要な実験機器はすべて１つの箱の中に収められ、箱の中は真空にされます。空気の分子と電子が衝突するのを防ぐためです。しかし不運なことに空気が入り込んでしまい、ニッケルの表面が酸化ニッケルの層で覆われてしまったのです。そのためニッケルの塊を高温で熱して、酸素を取り除くことにしました。デイヴィソンとジャマーは知りませんでしたが、このときニッケルを高温で熱したため構造が変化しました。それまで表面は小さな結晶多数が固まった凸凹した状態でしたが、熱によっ

て結晶が大きく、そして数は少なくなりました。個々の結晶の大きさは電子ビームを上回るサイズになりました。その結果、実験を再開したとき、電子ビームは1つの結晶によってはね返されることになったのです。

ビームの一部はまだランダムに散乱していましたが、特定の電圧では大多数の電子が同一の角度で反射したため、デイヴィソンとジャマーは事態を察知しました。例えば電圧を54ボルトにすると、反射したビームに含まれる電子数は最多になり、反射する角度は50度でした。この状態は、ビルの高層階を歩いていて、窓で屈折した太陽光のまぶしい光を突然浴びるときや、遠くの自動車のフロントガラスが角度によって光って見えるのと同じ現象でした。

さて、これよりもしばらく前の1915年、ウィリアム・ヘンリー・ブラッグと息子のウィリアム・ローレンス・ブラッグは、「X線による結晶構造解析での功績」が評価されノーベル物理学賞を授与されました。父子は、特定の角度で結晶に当たったX線が反射されるのは、結晶が複数の原子の層からなっており、角度が適切であれば結晶がX線に対して鏡の役割を果たすからであることを示しました。やがてX線の回析現象が利用されるようになり、X線の入射角を計測して結晶構造を解明し、結晶内の層と層の距離を計算するようになりました。

粒子と波動

デイヴィソンとジャマーによれば、電圧をある強さまで上げると電子ビームが結晶で反射され、決まった方向にはっきりとした複数本の電子ビームが放たれたということです。ビームの本数は3〜6本でした。そのうち20回の反射角は、デイヴィソンとジャマーがX線ビームを想定して計算した角度と同じでした。

つまりデイヴィソンとジャマーの2人は、電子がX線と同じように振る舞えることを発見したのです。これは電子が波として振る舞うことを意味しています。

この実験以前には、電子は単に負の電荷を持つ粒子に過ぎないとみなされていましたが、実験によって波長を持つことが明らかになりました。実験結果は、光の波が質量を持つことを示すコンプトン効果とは、ある程度反するものとなりました。デイヴィソンとジャマーが示したのは、波が粒子のように振る舞えるのと同様、粒子も波のように振る舞えることなのです。

何もかも不確定なのか？

ハイゼンベルクの不確定性原理

粒子の速さと位置を同時に知ることはできません。ドイツの物理学者ヴェルナー・カール・ハイゼンベルクは、量子力学の重要な先駆者です。1901年にドイツのヴュルツブルクで生まれたハイゼンベルクは、ミュンヘンとゲッティンゲンで物理学と数学を学び、1924年の終わりにコペンハーゲンのニールス・ボーアのもとに留学しました。1927年にハイゼンベルクが不確定性原理を導いたのは、このコペンハーゲンで量子力学の数学的基礎を研究していた時期です。

1927年の研究

- 研究者………………
 ヴェルナー・カール・ハイゼンベルク
- 研究領域……………
 量子力学
- 結論…………………
 極小の世界では、絶対的に確かなものはない。

思考実験

ハイゼンベルクは、電子が原子核を中心とした固定された軌道を回っているという、元来の量子理論のモデルに不満をもっていました。ハイゼンベルクによれば、実際に電子の軌道を観測できないため、電子の存在を合理的に主張できる人がいなかったからだそうです。当時の科学者たちができることといえば、電子が別の軌道に移るときに発したり吸収したりする光を観測することでした。

そこでハイゼンベルクは思考実験を行いました。通常、顕微鏡は光波をイメージとして目でとらえるのに使います。太陽や照明からの光が標本を照らすと、一部の光

が反射されて顕微鏡の鏡筒に飛び込みます。この光がレンズと鏡に導かれて観察者の目に届くのです。ハイゼンベルクは１つ１つの電子を直接目で見て観察したいと願いましたが、これは不可能でした。電子の波長は可視光と比べて短か過ぎるため、非常に小さな電子を「見る」ことはできなかったのです。例えるなら、ちりの１粒を魚とり用の網ですくおうとするようなものでした。

より高い解像度を得るにはどうすればよいかを考えたハイゼンベルクは、可視光線の代わりにガンマ線を使う顕微鏡を想像してみました。ガンマ線は光波に似ていますが、波長は非常に短く、これを利用すれば非常に高い解像度を持つ顕微鏡がつくれるはずです。そのような顕微鏡があれば、電子を直接観測し、どこに電子が存在するかを見つけられるでしょう。

問題

しかし光波に比べてガンマ線が持つエネルギーは高く、電子にぶつかったガンマ線は間違いなく電子をはじき飛ばしてしまい、電子はどこかに飛ばされて行方不明になってしまいます。また、電子が存在する位置を高い精度で特定しようとするほど、高いエネルギーを持つガンマ線を使わざるを得ず、電子に加わる衝撃はさらに大きくなってしまいます。別の表現をすれば、電子の位置を正確に知ろうとするほど、電子の速度（速さと向き）についての情報は不正確になってしまうのです。

逆に、電子の軌道をより正確に計測しようとすると、電子の位置に関する情報は少なくなってしまいました。

ハイゼンベルクはこれらを、電子の位置を特定するための思考実験によって発見しましたが、同時に、このような不確実性は計測方法とは無関係であることもわかっていました。量子世界特有の性質なのです。

$$\Delta p \cdot \Delta q \sim h$$

ハイゼンベルクは自分のアイデアを、友人のヴォルフガング・パウリに宛てた1927年2月23日の手紙で説明しています。そしてハイゼンベルクは数学的な証明を行い、同年に完全な論文を発表しました。この理論は「ハイゼンベルクの不確定性原理」と呼ばれるようになり、やがて量子力学の「コペンハーゲン解釈」の土台の1つとなりました。

引き返せない変化

　不確定性という言葉からは、あまり重要性は感じられないかもしれません。しかし少しずつですが、物理学の世界の潮流を変えていったのです。不確定性が明らかになる以前は、理論上、ある瞬間の粒子の位置と速度がわかれば、未来のどの時点であっても、その粒子の存在するであろう位置がわかるに違いないと考えられていました。アイザック・ニュートンによってほのめかされたこの考え方を、決定論的世界と呼びます。

　ハイゼンベルクの不確定性原理は、この決定論的世界をひっくり返してしまいました。いまや粒子の位置と速度を同時に知るのは不可能なことだと示されたのです。

　幸運なことに、不確定性が適用されるのは量子力学の範疇内だけです。「現実の」世界にも不確定性は存在しますが、計測できないほど（あるいは問題にならないほど）小規模なのです。ニュートン力学は人類を月に送り込み、これからも私たちが自動車で出かけることを可能にし続け、（運と技能が十分なら）野球のボールをキャッチできるようにしてくれるでしょう。

1927-29年の研究

- ●研究者‥‥‥‥‥‥‥‥
  アレクサンドル・アレクサンドロヴィチ・フリードマン、ジョルジュ＝アンリ・ジョセフ・エドゥアール・ルメートル、エドウィン・パウエル・ハッブル
- ●研究領域‥‥‥‥‥‥‥‥
  宇宙論
- ●結論‥‥‥‥‥‥‥‥‥‥
  ビッグバンによって始まった宇宙は現在も加速膨張している。

なぜ宇宙は膨張するのか？

宇宙の卵

　ロシアのペルミ国立大学の教授アレクサンドル・フリードマンは、1922年にドイツで刊行した複雑な論文の中で、宇宙は膨張し続けると主張しました。

　またベルギーのローマ・カトリック司祭アンリ・ルメートルは独自に研究を進め、フリードマンと同様の結論に達しました。そして1927年に『銀河系外星雲の視線速度を説明する、一定質量で半径が成長する宇宙』という論文を発表したのです。この論文でルメートルは、現代ではハッブルの法則と呼ばれている法則を導き、やはりハッブル定数と呼ばれるようになる値を試算しています。不運なことにルメートルは論文を『ブリュッセル科学会年報』というベルギー以外ではほとんど知られていなかった雑誌に掲載してしまいました。

　しかしルメートルは、イングランドのケンブリッジ大学で、大学院生としてアーサー・S・エディントン（122ページ参照）の指導を受け、さらにアメリカ合衆国にも留学しました。これによりルメートルは英語圏の天文学者たちと自然に親交を持つようになりました。ことにエディントンはルメートルの認知度を高めるのに骨を折り、ルメートルの論文の多くを英語に訳しました。

懐疑的なアインシュタイン

　アインシュタインはルメートルの数学における功績については賞賛していましたが、宇宙が膨張しているという主張は信じませんでした。ルメートルはアインシュタインに「君の計算は正しいが、君の物理はひどいものだ」と言われたと回想しています。1931年、ルメートルは『ネイチャー』に論文を発表しました。

「だが、量子理論の現在までの成果から考えると、宇宙の始まりは、

自然が現在持っている秩序とはかけ離れたものだったと思われる。量子理論の観点から見た熱力学原理は、以下の2点にまとめられる。(1) エネルギーは個々の量子に分散しているが、その総量は一定で変わらない。(2) 個々の量子の数は増え続けている。時間をさかのぼって観察できるとすると、量子の数は減少していき、全宇宙のすべてのエネルギーが数個、さらには1個の量子に集中すると考えられる」

　ルメートルは、宇宙はある一点を起点として膨張してきたのだと主張し、後には「宇宙の卵が天地創造の瞬間に爆発した」という言い方をしています。その後、宇宙が膨張しているという説を否定していた英国の天体物理学者フレッド・ホイルが、ラジオ番組でこの説を揶揄して「ビッグバン（大爆発）理論」と呼んだことから、以後はビッグバンという言葉が定着しました。
　結局、アインシュタインはルメートルの主張を認め、カリフォルニアでのルメートルの講演を聞いた後には、「これまで聞いた宇宙の創造の説明の中で、最も美しく満足のいくものだ」との賛辞を送っています。

アメリカでの反応

　少年期までをイリノイ州とケンタッキー州で過ごしたエドウィン・ハッブルは父親に、法律を学びローズ奨学生の第一期生になってオックスフォード大学に行くと約束していました。しかし実際にハッブルが関心を抱いたのは天文学でした。父親の死後、ハッブルは法律学から天文学へと進路を変更します。
　第一次世界大戦終結後、ハッブルはイングランドのケンブリッジで1年間を過ごし、カリフォルニア州パサデナのウィルソン山天文台で職を得ました。ハッブルは残りの人生をこの天文台で過ごすことになります。

ハッブルはアンドロメダ星雲などさまざまな星雲に含まれる、セファイド（ケフェイド）変光星という特別な星を研究対象にしました。セファイド変光星は数日から数十日の周期で明暗をくり返します。特に興味深いのは、セファイド変光星の明るさと変光周期には、非常にシンプルな関係があることです。つまり明るさが変わる周期がわかれば、天文学者はこの星の絶対的な光度（明るさ）を定められるのです。そのためセファイド変光星は「標準光源」と呼ばれています。

　標準光源の本当の光度が判明すれば、地球上でその星を観測したときの見かけの明るさと比較して、その星までの距離を計算できます。

　星雲は塵やガスが雲のように集まったものです。1920年代初めには、星雲はいずれも地球が含まれる銀河系（天の川銀河）の中にある塵やガスの集まりであり、銀河系が宇宙全体なのだと考えられていました。ハッブルは、銀河系よりも大きい銀河がいくつも存在し、それらの銀河は天の川の中で最も遠い星々よりもさらに遠方にあることを示しました。つまり星雲だと考えられていたものは、実際にははるか遠くの銀河だったのです。ハッブルによって、それまで考えられていたよりも数百万倍以上大きな宇宙像が突如提示されたのです。

赤方偏移

　1929年、ハッブルははるか遠くの46の銀河で赤方偏移を観測しました。銀河や恒星が観測者から離れる方向へ動いている場合、そこから届く光が「赤方偏移」——光のスペクトルが赤い方（波長が長い方）へずれる現象——することが知られていました。

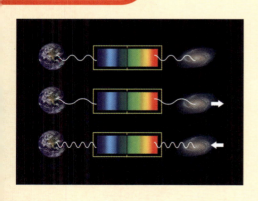

　現在では、このような赤方偏移が起こるのは、宇宙全体が膨張しているためだと判明しています。ドップラー効果（69ページ参照）と同様の効果なのです。赤方偏移が大きいほど、その銀河は観測者から速く離れていくことになります。

　ハッブルは銀河の赤方偏移は、その銀河までの距離とだいたい比例していることを発見します。つまり、遠くにある銀河ほど、より速く遠ざかっていることになるのです。

反物質は存在するか？

陽電子と反陽子の探索

アイザック・ニュートン以降で最も偉大な科学者とも言われる人物が、英国の理論物理学者ポール・ディラックです。彼は量子力学と特殊相対性理論を結びつけて独特な方程式を考案しました。ディラックは光速に近づいたときの電子の挙動を記述する中で、奇妙なことに気づきます。1928年に発表した方程式は負の電荷を持つ電子についてのものでしたが、正の電荷を持つ粒子にも当てはまったのです。

そこでディラックは、（正負が）反対の電荷を持つのは電子に限らず、他のすべての粒子の場合にも言えることを示唆しました。陽子と電子が組になって原子を構成するように、反陽子と反電子が組になって反原子を構成するというのです。つまりディラックは、それまで観測されたことのなかった反物質の存在を予言したのです。

ディラックはさらに、反物質からなる完全な太陽系すら存在すると主張しました。

> 「もし自然の基本法則に関して、正負の電荷の完全な対称性を認めるならば、地球（そしておそらく太陽系全体）において、負の電荷を持つ電子と正の電荷を持つ陽子が数の上で優勢なのは、偶然の産物だと考えざるを得なくなる。そして星々の中には、反対の状況の星が存在する可能性も十分にある。つまり正の電荷を持つ電子と負の電荷を持つ陽子が大多数を占める星である。実際には、両方の種類の星が半々ずつ存在すると思われる。両者ともまったく同じスペクトルを発するであろうから、現在の天文学的方法では判別できない」

1932年の研究

- 研究者……………
  カール・デイヴィッド・アンダーソン
- 研究領域……………
  素粒子物理学
- 結論……………
  通常の物質以外に反物質も存在する。

つまりディラックは反物質でできた恒星や惑星が宇宙を漂っているのではないかと主張したのです。

オーストリア（1911-13年）

一方、これより15年前に、オーストリアの物理学者ヴィクトール・ヘスが、大気圏内でどれほどの電離（イオン化）が起きているかに関心を持ちました。当時、大気圏内での電離は、地球上の放射能を持つ岩石によって起きると考えられていましたが、ヘスは、もしそうなら放射線は高度500mで消失するはずだと、計算によって予測しました。そしてこの結論が正しいか実験することにしたのです。

ヘスは10機もの気球を製造し、かなりの危険を冒して自ら計測のため空へと舞い上がりました。計測の結果、およそ1km上空までは放射線レベルは下がり続けましたが、以降は増加に転じました。地表から5km上の放射線量は、海面高度の放射線量の2倍だったのです。ヘスは「非常に高い貫通力を持つ放射線が宇宙から大気圏に入ってきている」と結論を出しました。

ヘスはさらに一段、研究を前へと進めます。1912年4月の皆既日食で、太陽が完全に隠れる第2接触に近い時間帯に放射線を測定しました。太陽が隠れても放射線レベルは下がらなかったということは、放射線が太陽からやって来ているのではないということです。ヘスが発見した宇宙からの放射線は「ヘス線」、後には「宇宙線」と呼ばれるようになりました。宇宙線は波動性と粒子性を持つ電磁波の流れで、24時間常に私たちに降り注いでいます。

カリフォルニア工科大学（1932年）

カール・デイヴィッド・アンダーソンはカリフォルニア工科大学で物理学と数学を学んでいました。1932年に霧箱（103ページ参照）を改造して宇宙線の研究を開始します。アンダーソンはこの箱をウィルソン箱と呼んでいましがが、後にアンダーソン箱と呼ばれるようになります。

「1932年8月2日、垂直に置いたウィルソン箱の中で宇宙線が描く軌跡を写真撮影した……得られた軌跡は……粒子が正の電荷を帯び、なおかつその質量は、自由に飛翔している電子の通常の質

138

量に近いと考えなければ説明できないように思えた」

　右の写真はアンダーソンの霧箱で撮影された決定的な写真です。中央部に横に伸びているのは厚さ6mmの鉛の板で、粒子の速さを落とすためのものです。宇宙線が強力な磁場の中を、下から左上へとカーブを描いて伸びているように見えます。この飛跡が、宇宙線の粒子が正の電荷を持つことを証明しました。負の電荷を持つなら、右に曲がるはずだったのです。また、粒子は鉛の板を貫通するときに運動量を少し失います。写真の曲線が上半分で曲がり方が強くなっているのは、そのためです。鉛の板を通過後に空中を5cm進んでいることから、粒子は非常に小さいことがわかりました。陽子ではそれほど遠くまで飛びません。

　この写真撮影は簡単な作業ではありませんでした。アンダーソンはこの実験で合計1,300枚の写真を撮影・現像してチェックしましたが、同じように正に帯電した宇宙線粒子をとらえた写真は15枚しかありませんでした。

アンダーソンの霧箱
幅14cm、奥行き1cm

　　「したがって、正の電荷を持つ粒子——以後は陽電子と呼ぶ——の電荷（の絶対値）は、負の電荷を持つ自由電子の電荷（の絶対値）に非常に近いと言える」

反物質

　反粒子が対になる通常の粒子と衝突する——例えば1個の電子が1個の陽電子と衝突する——と、対消滅してガンマ線を放出します。反物質が通常の物質と衝突して生み出されるはずのガンマ線を観測できていないことから、どうやらこの宇宙には反物質が集まった大規模な領域は存在しないようです。宇宙論における大きな謎の1つは、なぜビッグバンで反物質よりも通常の物質が多くつくられたかということなのです。

1933年の研究

- **研究者**
  フリッツ・ツビッキー
- **研究領域**
  宇宙論
- **結論**
  視認できる星々よりもはるかに大きな質量が宇宙に存在する。

重力はどのように銀河を結びつけているのか？

ダークマター（暗黒物資）と欠損した宇宙

フリッツ・ツビッキーは20世紀における最も優れた天体物理学者のひとりであると同時に、最もエキセントリックな性格の持ち主だと言われています。この気難しい天才は、どのようにして見えない何かを宇宙で発見したのでしょうか。

ツビッキーは1898年にブルガリアで、スイス人の父親とチェコ人の母親の間に生まれました。6歳のとき、商業を学ぶためスイスの祖父母のもとに送られます。ほどなくツビッキーは、商業よりも数学と物理に関心を移しました。1925年、カリフォルニア工科大学のロバート・ミリカン（106ページ参照）のもとで学ぶためアメリカ合衆国に向かいます。アメリカでは天文学、天体物理学、宇宙論など広い分野に関心を持ち、多くの功績をあげました。

超新星と中性子星

1930年代前半に、ツビッキーはドイツの天文学者ウォルター・バーデとともに「新星」の研究を始めました。ツビッキーは、宇宙線（138ページ参照）は恒星が大爆発したときに生じたのではないかという着想を持っており、そのような爆発を超新星と呼びました。ツビッキーとバーデは、以後の52年間に120の超新星を観測しました。このような爆発は目新しいものではなく、すでにティコ・ブラーエが1572年に観測しています。しかし、超新星について論理的な説明ができた人はいませんでした。

ツビッキーは1933年に、大質量の恒星は巨大な爆発によって最期を迎え、明るい光と宇宙線を大量に放射するという説を主張しました。そして、爆発の後に残る星は密度が高く、陽子と電子が押しつけられて結合し、中性子になっているというのです。彼によれば、このようにしてできた中性子星はおそらく直径数kmという小さなものですが、信じられないほど高密度だと考えられます。中性子自体が発見された

のがつい前の年であったため、1967年にジョスリン・バーネルがパルサー（中性子星だと考えらえています）を発見するまで、誰もツビッキーの説を真に受けませんでした。

ツビッキーは非凡な精神と、既成の概念にとらわれずに思考できる力を持ちあわせていました。彼の死後に同僚の研究者ステファン・マウラーが次のように書き記しています。「中性子星、ダークマター、重力レンズについて講義をする研究者はみな、『ツビッキーは1930年代にこの問題に気づいていたが、誰も耳を貸さなかった……』と切り出している」

銀河の質量はどれほど大きいか？

1932年、オランダの天文学者ヤン・オールトは、星々の動きを根拠にして、銀河系には観測で確認できる以上の物質が存在するはずだと主張しましたが、根拠となった観測が誤ったものであることが明らかになりました。

翌1933年、ツビッキーが地球から3.2億光年かなたの「かみの毛座銀河団」を対象に初めてビリアル定理を用いました。ビリアル定理によって、重力でまとまっている天体全体（銀河団など）の軌道速度と、その内部の構成要素（銀河など）相互に働く重力の関係が導かれます。「ビリアル」とは、ラテン語の「vis」（力の意）からつくられた呼び名で、ドイツの物理学者ルドルフ・クラウジウスが1870年に名づけました。

ツビッキーは銀河団の周縁での銀河の動きを観測することで、銀河団全体の質量を見積もりました。次に、銀河団に含まれる銀河の数と質量を、それぞれの銀河の明るさから推定し、銀河団全体の質量を計算してみたのです。

その結果、動きから見積もった質量は、明るさから見積もった質量のおよそ400倍になりました。目視できる銀河の質量をあわせただけでは、軌道上のかみの毛座銀河団のような高速にはなりません。何かを見落としているのです。この「質量欠損問題」からツビッキーは、膨大な質量の目に見えない物質が銀河団の中にあるはずだと推測しました。彼はこの物質をダークマター（暗黒物質）と名づけます。

神秘的な物質

　実際にはツビッキーの見積もりはかなり不正確でしたが、質量欠損問題は引き続き研究の対象になり、現代に至るまで天文学者たちは、ツビッキーの主張を裏づける数々の証拠を発見してきました。ほとんどの銀河というわけではありませんが、数々の銀河で、明るさから推測される質量にしては、非常に速すぎる恒星が見つかっています。あたかも多数の銀河で、目に見える星々とほぼつりあう質量の球状のダークマターが、皿状の銀河の中心部に存在するかのようです。

　重力レンズ（1937年にツビッキーが初めて提唱した効果です）の観測から、追加の質量の存在が確認されました。重力レンズとは、目に見える物質かダークマターのいずれかが高い密度で集まって時空をゆがませているため、はるか遠くの天体を観測する際に、レンズを通して見ているかのように大きく見えたりゆがんだりする現象です。そして一部に、光学的に観測できる物質だけでは説明がつかないほど、重力レンズの影響が大きい場合があるのです。

　1960年代後半から70年代前半にかけて、ヴェラ・ルービンが渦巻銀河内の星々の軌道速度を測定することに成功しました。銀河の中心部から遠い星々ほど軌道速度が遅くなるはずでしたが、大半の星々の速さはほぼ同じでした。これは、銀河の中に目に見える星が多く集まっている部分があるにもかかわらず、銀河全体で密度がほぼ一定であることを示します。計算の結果、大半の銀河には、光学的に観測できる物質の約6倍の物質が存在していなければならないことが判明しました。

　私たちが暮らしている銀河系の場合も、目に見える物質のおよそ10倍のダークマターが存在していると考えられています。2005年には、ウェールズのカーディフ大学の天文学者たちが、銀河系の10分の1の質量で、ほぼすべてがダークマターで構成される銀河を発見したと公表しました。

　現在では、宇宙全体のおよそ27％をダークマターが、残りの大半をダークエネルギー（162ページ参照）が占めていると考えられています。

シュレディンガーの猫は
生きているの？ 死んでいるの？

量子力学のパラドックス

1935年の研究

- 研究者……………………
エルヴィン・シュレディンガー
- 研究領域……………………
量子物理学
- 結論……………………
2つの可能性が共存する。

　どのようにすれば、猫は生きていると同時に死んでいる状態になるのでしょうか？ これはオーストリアの物理学者エルヴィン・シュレディンガーが1935年に投げかけた理論上の問題です。それ以前の15年間に、大勢の理論物理学者と数学者が量子力学の追究に励みました。理論構築の主役になったニールス・ボーアとヴェルナー・ハイゼンベルクは、ともにコペンハーゲンで研究生活を送っていました。そしてコペンハーゲン解釈と呼ばれるようになる量子力学の解釈を生み出したのです。シュレディンガーは、この解釈を日常的なできごとに当てはめた場合には問題が生じると考えました。

　ボーアとハイゼンベルクが提唱した理論の1つが「量子重ね合わせ」というものでした。粒子や光子は、同時に2つの状態をとる（あるいは同時に2つの地点に存在する）ことが可能であり、どちらの状態になっているかを知ることはできないという理論です。量子重ね合わせでは、実際に観測してどちらの状態になっているかを確認するまで、粒子は同時に2つの状態を維持しており、観測が行われた時点でどちらか一方の状態に固定されます。つま

り観測者のみが、粒子をいずれかの状態に固定できるというわけです。

シュレディンガーは量子重ね合わせという考え方が気に入らず、思考実験という形でパラドックスを提示したのです。

この実験に当たって猫を虐待していません……

1匹の猫が、鋼鉄製の密閉された箱の中に入れられているとします。猫が脱出する方法はありません。箱の中には少量の放射性物質を扱う装置、ガイガー・カウンター、有毒な青酸を入れた瓶が置かれています。放射性物質の原子の1つが崩壊してガイガー・カウンターがそれを検知すると、連動装置が働いてハンマーが瓶を叩き割り、毒ガスが放出されて猫は死んでしまいます。

放射性原子がいつ崩壊するかはまったく予測できません。1秒後か1年後かわからないのです。そのため、箱の中を覗かなければ、例えば30分後に原子が崩壊しているかどうかすらわかりません。重ね合わせの考え方では、原子は崩壊していない状態と崩壊している状態の両方を兼ね合わせていることになります。

観測者の重要性

だからと言って、観測者が箱の中を覗くまで、猫が生きながら死んでいるわけではありません。シュレディンガーは、この疑問は意味がないと言います。重ね合わせを現実世界に持ち込むと、不合理な結論を招いてしまいます。彼は自分が提示したパラドックスについて、「不明瞭なモデルを現実に当てはめることを、有効な手段だとみなさないようにしなければならない。不明瞭なものや矛盾するものは、本質的に、モデルを用いても具体化させることはできないのである」と記しています。

一部の人々は猫こそが観測者だと言い出しました。まだ生きているうちは、原子が崩壊したかどうかを知っているというのです。

ニールス・ボーア自身は、観測者の存在を強調しませんでした。ボーアは、箱を開けるはるか以前に猫の生死は決まっているのであり、その生死を決めたのはガイガー・カウンターだと考えていました。実際、猫の生死を決めたという意味での観測者はガイガー・カウンターであり、この問いにそれ以上の意味があるでしょうか？　アルベルト・アインシュタインは、重要な意味があると考えました。アインシュタ

インは1950年にシュレディンガーに手紙を書き、次のように述べています。

「あなたは現代の物理学者の中で……研究に誠実に取り組みさえすれば、現実を前提とすることを避けては通れないと考える唯一の物理学者です。現代の物理学者の多くは、現実をもてあそぶ危険性を安易に無視し、現実を実験の成果とは無関係の事象のように扱っています。しかし、そうした人々の解釈は、放射性原子、……[装置]……、猫を一緒に箱に入れたあなたの実験装置によって、とてもエレガントに否定されてしまうのです。猫の生死が観測者の行動と無関係だということを、本気で疑うような人はいません」

多世界

後に現れた量子力学のモデルでは、異なる考え方が導入されました。1957年、ヒュー・エヴェレットが「多世界解釈」を考え出し、もし2つの可能性があるのなら、そのどちらも存在するのだと提唱しました。可能性のある過去と未来は、いずれも存在するというのです。膨大な数の宇宙があり、起こる可能性があった事象は、それらの宇宙のいずれかで起きているという主張です。この理論では、シュレディンガーの箱が開けられると、観測者と猫は2つにわかれます。片方の宇宙の観測者は猫が生きていることを確認し、もう片方の宇宙の観測者は猫が死んでいることを確認するのです。そして2人の観測者が出会うことは決してなく、意思の疎通もありえません。

今日でも議論が続いており、シュレディンガーの猫は世界的に有名になりました。量子力学の領域では、最もよく知られた動物です。

1939年の研究

- 研究者
  レオ・シラード、エンリコ・フェルミ
- 研究領域
  原子核物理学
- 結論
  核反応によってエネルギーをつくり出せる。

原子核物理学はいかにして原爆に結びついたか？

最初の原子炉

　1933年、イングランドに逃れていたハンガリーの物理学者レオ・シラードは、『タイムズ』紙にアーネスト・ラザフォードの講演に関する記事が掲載されているのを目にしました。当時、ラザフォードは原子物理学の大家になっていました。ラザフォードは講演で、核反応からエネルギーを取り出せる可能性を否定していました。「……原子の変換からエネルギーを取り出そうなどというのは、荒唐無稽な話です」

恐ろしいアイデア

　9月12日のどんよりとした湿度の高い朝、シラードは、このラザフォードの記事にいらつきながらロンドンのブルームスベリーを歩いていました。伝えられるところによれば、このとき、シラードは大英博物館近くでサウサンプトン・ロウを横切ろうと信号待ちをしていました。信号が変わり、最初の1歩を踏み出したとき、彼は恐ろしいアイデアを思いつきました。新たに発見された中性子で核反応を開始できたらどうなるだろうか。核反応によって1個の原子から2個の中性子が放出されます。この2個の中性子が別の2個の原子の核反応を引き起こすことで、4個の中性子が放出され、この4個の中性子がさらに8個の原子の……そして連鎖反応が引き起こされるのです。

　リチャード・ローズは著書『原子爆弾の誕生』で「シラードが道を横切ったとき、時間がぱっくりと割れ、

146

未来へと続く道が示された。死を世界に放ち、人々を苦悩させる、来るべきものの姿がそこにあった」と記しています。

才気あるイタリア人

エンリコ・フェルミはローマに生まれ、物理学の理論と実践の両面で目覚ましい業績を上げました。1938年には、重い原子に中性子を照射して新しい元素をつくり出し、ノーベル物理学賞を授与されています。残念ながら「新しい元素」は完全な新元素というわけではなく、核反応によって生み出された放射性同位体——もとの元素と中性子の数が異なり、放射能を持つもの——に過ぎないことが判明します。フェルミはばつが悪い思いをしましたが、相変わらず自信に満ちていました。

1939年になると戦争の脅威が身近なものとなり、シラードとフェルミは、それぞれナチスとファシスト党の政権を逃れてアメリカ合衆国に移住します。ドイツの科学者たちが原子爆弾を開発する可能性を認識していた2人は、ルーズベルト大統領に警告の手紙を送りました。手紙にはアインシュタインも署名しました。

臨界量

その頃、他の科学者たちは、ウラン原子が崩壊（89ページ参照）する際に2〜3個の中性子を放出することを発見していました。また、1個の低速中性子によって、ウラン原子を崩壊させるのが可能であることが判明しました。こうして核分裂の連鎖反応が現実味を帯びてきたのです。臨界量のウラン（純粋なウラン約15kgで、固めると野球のボールよりも少し大きくなります）と中性子が合わされば、連鎖的にウラン原子の崩壊が進み、誰も核反応を止めることはできなくなります。

フェルミとシラードは世界初の原子炉の建設に着手しました。2人はシカゴ大学で共同作業を進め、レッド・ゲート・ウッズを建設予定地にしました。市街地から離れていたため、安全だと考えられたのです。しかし建設作業員のストライキで計画は頓挫し、初の原子炉「シカゴ・パイル1号（CP-1）」は、シカゴ大学の放置されていた競技場の下にあったスカッシュ・コートに建設されました。競技場とはいえ、巨大な市街地の中心に位置していました。

　実験は恐ろしいほど危険なものでした。シラードとフェルミをはじめとするメンバーは、核反応の開始と停止のタイミングを計算していましたが、もし何らかのトラブルや手違いがあればシカゴの街が廃墟と化します。しかしこの時点でアメリカは第二次世界大戦に参戦していたため、リスクが許容されたのでしょう。

シカゴ・パイル1号
　原子炉シカゴ・パイル1号（CP−1）は、黒鉛のブロックを積み上げ（pile）たもので、一部の黒鉛ブロックには球状のウランがはめ込まれました。フェルミは、ウラン原子が崩壊するときに放出される中性子は、連鎖反応を引き起こすには速過ぎることを発見していました。「パラフィンろう」か水を使えば、中性子の速さをほぼ停止している状態にまで落とせました。中性子がパラフィンと水に含まれる水素原子に衝突するからです。黒鉛は減速材としてさらに優秀で、中性子を、他のウラン原子に効率よく衝突する速さまで減速させることが可能でした。
　原子炉の開発チームは、連鎖反応が始まった後、その勢いを抑え停

　止させるための仕組みも必要としました。そこでカドミウムとインジウムの合金でつくった制御棒を並べておき、積み上げたウランのペレットの間に挿入できるようにしました。カドミウムとインジウムは中性子を吸収するため、核反応を抑制し停止させることができるのです。

　黒鉛のブロックが積み上げられ、制御棒も用意されました。1942年12月2日午後3時25分、制御棒が引き抜かれ、やがてCP-1は臨界状態になります。制御可能な形での連鎖反応が始まったのです。フェルミは28分後に原子炉を停止しました。

　後にCP-1はレッド・ゲート・ウッズに移設されCP-2と呼ばれるようになります。CP-2が置かれた施設は、その後、アルゴンヌ国立研究所になりました。フェルミはロスアラモスでマンハッタン計画の指導者の1人になり、1945年にアラモゴード砂漠で実施された初の原爆実験で、放出されたエネルギー量を計測しました。

第6章 宇宙へ

1940年～2009年

　本書の前半で取り上げた科学者たちは、単独で研究に励み、独自の実験装置をつくっていました。しかし研究がより困難になり、装置の価格が高価になると、研究所が創設されるようになります。このような傾向が、ビッグ・サイエンス（巨大科学）によって一挙に推し進められてきました。

　トカマク型核融合炉——ドーナツ型の核融合炉です——の発展を見てみましょう。最初の実験炉がソビエト連邦でつくられたのは冷戦時代でした。その後、実験炉は徐々に進化し欧州トーラス共同研究施設（JET）の実験炉では太陽系内における最も高い温度のプラズマを発生させるまでになりましたが、この実験設備は巨大なITER（国際熱

核融合実験炉)によってたちまち陳腐化してしまいます。

　またスーパーWASPは純粋な創意工夫の一例で、強力なコンピューターの計算機能を利用しています。しかし最も大がかりな装置といえば、やはり大型ハドロン衝突型加速器 (Large Hadron Collider) でしょう。LHCと略して呼ばれるこの装置は、これまでつくられた中で最も巨大で複雑な実験装置です。

　1854年にルイ・パスツールは「観察の分野では、幸運は備えある心のみに訪れる」と述べました。1965年の「ビッグバンの残響」の発見と、2年後のジョスリン・ベルによるパルサーの発見はすばらしい幸運に導かれたものでした。ベルの業績は、幸運と粘り強さが同じように重要であることを示しました。そしてパルサーの発見がブラックホールの探査へとつながったのです。

1956年の研究

- ●研究者⋯⋯⋯⋯⋯⋯
  イーゴリ・エヴゲーニエヴィチ・タム、アンドレイ・ドミートリエヴィチ・サハロフ 他大勢
- ●研究領域⋯⋯⋯⋯⋯⋯
  原子核物理学
- ●結論⋯⋯⋯⋯⋯⋯⋯
  将来、核融合が実用化されるだろう。

星が生まれたの？

トカマク型核融合炉の開発

1950年代から核分裂を原子炉で利用してきましたが、エネルギー源としてはコストが高く、燃料も生成物も放射性物質であることからさまざまな課題を抱えています。何らかの失敗によって生じる危険性、メルトダウン、津波による浸水被害、テロリストによる攻撃などです。長期的には、放射性廃棄物の処理が一筋縄ではいきません。

核融合なら、これらの課題を解決できるでしょう。

核融合と核分裂

核分裂は、ウランやプルトニウムのような重い原子を分裂させ、小さな粒子、軽い元素の原子、そして膨大なエネルギーを放出させるものです。

核融合は、水素などの2つの小さな原子をぶつけて、ヘリウムなどのより大きな原子にするものです。核分裂に比べていくつかの利点があります。まず熱くなり過ぎたりメルトダウンすることがありません。これは、ある瞬間に反応しているガスの総量が1g以下と少ないためです。その結果、燃料が熱くなり過ぎても熱の総量は少なく、鋼鉄やセラミックの壁を溶かすほどにはならないのです。

また廃棄物に起因する問題も起きません。廃棄物が過度の放射能を持つことはなく、同じ量の廃棄物が生じる間に、核融合は一般的な核分裂の約1000倍のエネルギーを取り出せるのです。

太陽のエネルギー——そしてすべての恒星が放出するエネルギー——は水素原子が核融合でヘリウムになる過程で生じるものです。つまり、必要なのは、地上に星をつくることなのです。しかし非常に高度な物理学と関連技術が必要とされます。これまで核融合炉は30年後には完成すると言われ続けてきましたが、いつまで経っても30年後のままでした。それでも人々は核融合炉への挑戦を続けてきました。

パイオニア

　最初に核融合に取り組んだのはソビエト連邦の科学者たちでした。研究に取りかかったのが冷戦時代であったため、すべてが秘密のベールに隠されていた時代であり、詳しいことはわかっていません。知られているのは、レフ・アルツィモビッチという物理学者が、ソ連の核爆弾開発チームの一員だったということです。1951年から亡くなる73年まで、アルツィモビッチはソ連の核融合炉プロジェクトの最高責任者でした。

　アルツィモビッチが率いたチームは、ある研究所で世界で初めて核融合を実現しました。核融合原子炉を実際に稼働させたときの質問に対し、「人類はすぐにこの核融合炉を必要とするだろう」と答えています。アルツィモビッチは「トカマク型の父」と呼ばれました。

　トカマク型の容器は、核融合のために設計された閉じ込め方式の1つを採用しています。トカマクは、「磁気コイルを用いたドーナツ型容器」をロシア語で書いたときの単語の頭文字をつなげた言葉です。リング状の風船をふくらませたものか、自動車のタイヤを想像してください。ドーナツ型（数学用語を使ってトーラス型とも呼びます）というのは、融合炉で用いる真空容器の形状を表しています。

　初めてのトカマク型を設計したのはイーゴリ・エヴゲーニエヴィチ・タムとアンドレイ・ドミートリエヴィチ・サハロフでした。1956年にモスクワのクルチャトフ研究所に建設されました。1968年にはノボシビルスクで初めて核融合に成功し、その際の温度は1,000万℃でした。翌年には英国とアメリカの科学者が成功を確認しています。

　現在、16の国々で30基のトカマク型実験炉が稼働しています。今のところ規模が最も大きいのは、イングランドのカラムにある欧州トーラス共同研究施設（JET）の実験設備で、そのトカマク型実験炉の

153

真空容器は、内部を人が楽に歩けるほどの大きさがあります。

　JETは1983年6月25日に運転を開始し、1997年には、1秒に満たない時間でしたが核融合で16メガワットの出力を記録しました。しかしJETの運転には生み出せるエネルギー以上のエネルギーを必要とするため、商用に用いることはできません。

プラズマ

　水素原子を核融合させてヘリウムにするには、水素原子を高速で飛ばさなければなりません。それによって次々と衝突が起き、膨大なエネルギーが放出されます。高速で運動させるためには、水素原子を、例えば1億℃くらいの途方もない温度に過熱する必要があります。

　このような温度では、水素は気体ではなくプラズマになります。水素分子（H_2）は原子にわかれ、次いで原子内の電子が飛び出して陽子（水素イオンH^+）が残されます。この飛び回っている電子と陽子は、いずれも電荷を持っていますので、「磁力閉じ込め方式の容器」内にとどめておけるのです。

　これらの粒子が真空容器の壁に激突すると、粒子がエネルギーの大半を失うとともに、壁に重大な損傷を与えてしまいます。そのため、粒子が壁にぶつからないよう動きを抑制しなければなりません。そこでドーナツ型の容器の内側に極めて強い磁場をつくるのですが、容器をぐるりと回る磁力線には、ロープを撚るような「ひねり」を加えておき、容器内で螺旋を描くようにします。この複雑な磁場によって、真空容器は水素原子を壁から離しておけるのです。

　真空容器の壁は二重になっており、2つの壁の間には冷却水が流されています。核融合で生じたエネルギーは、主としてこの冷却水によって運び去られます。それ以外に、核融合反応で生じる中性子もエネルギーを運び去ります。さらに、直接エネルギー変換と呼ばれるプロセスでもエネルギーが取り去られます。これは、高速で運動する荷電粒子を電流に変えてしまうものです。取り出したエネルギーは、従来の発電所と同じように水を過熱蒸気に変えるのに使われ、その蒸気でタービンを回して発電します。

154

ビッグバンは
残響を残したのか？

宇宙マイクロ波背景放射の発見

1965年の研究
● 研究者…………………… アーノ・アラン・ペンジアス、ロバート・ウッドロウ・ウィルソン
● 研究領域………………… 宇宙論
● 結論……………………… 若い宇宙の地図を手に入れた。

　アーノ・アラン・ペンジアスはドイツのミュンヘンで生まれましたが、戦時中の1939年に国外に脱出し、家族とともにニューヨークに移り住みました。ペンジアスは物理学で博士号を取得した後、ニュージャージー州ホルムデルのベル研究所に採用され、テキサス州出身のロバート・ウィルソンと一緒に働くことになります。

　2人は15mの高さがある高感度のマイクロ波アンテナ（受信機）を整備することになりました。このアンテナは1959年に立てられたもので、角型をしていました。もともとは風船型衛星に電波を送信したり、衛星で反射された電波を受信するためのものでしたが、2人は電波天文学のために使うことにしたのです。どの程度の雑音が入るのかを調べるため、2人はアンテナを、銀河の存在が確認されていない方向に向けてみました。

雑音（電波ノイズ）

　アンテナを作動させると、かすかなシャーシャーという雑音が入ってきましたが、理由がわかりません。宇宙からのかすかな電波をとらえるには、この雑音（電波ノイズ）を取り除かなければなりません。

　そこでラジオとテレビの電波による影響を取り除き、受信機自身の熱による干渉を除去するため、−296℃の液体ヘリウムを利用して受信機を冷却したりしました。それでも雑音が聞こえます。

　外部の雑音源として最初に疑ったのはニューヨークの街――自動車のスパ

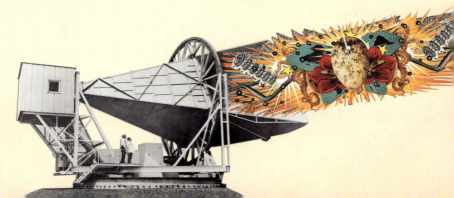

ークプラグが電波ノイズを出し続けています——でした。そこで角型アンテナをマンハッタンに向けてみましたが、電波ノイズが大きくなることはありませんでした。2人は、電波ノイズが空からやって来るのではないかと気づきます。

天の川からの放射を疑って角型アンテナを向けてみましたが、期待ほどには電波ノイズは大きくなりませんでした。さらに不思議なことに、電波ノイズは空のあらゆる方向から入ってくる上、方向によって強さが違うということもありません。太陽と月から発せられているわけでもありません。従来の望遠鏡を使うと、特定の方向に星の光が見え、星と星の間は暗闇になっています。しかしこの電波ノイズはあらゆる方向からやって来るため、「暗闇」に相当する（電波ノイズが来ない）空間がないのです。

鳩の落とし物

こうなると、身近なところに雑音源があるに違いありません。角型アンテナ自身も疑いの対象です。2人はアンテナをすみずみまで調べ、「白い誘電体」つまり鳩のフンを発見しました。これならば電波ノイズの発生をうまく説明できそうです。そこで鳩のフンを掃除し、巣を取り除きました。

それでも相変わらずシャーシャーという雑音が入ってきました。

その頃、60km離れたプリンストン大学では、ロバート・ディッケと研究仲間のジム・ピーブルズ、デイヴィッド・ウィルキンソンがちょうど同じタイプのマイクロ波放射を研究するため、段取りをつけているところでした。この研究チームは、ビッグバンの放射が、現在の地球でマイクロ波として観測できるはずだと予想していました。ペンジアスは、ピーブルスの論文草稿を読んだ友人から内容を知らされました。そして自分とウィルソンが重要な発見をしていたことに気づいたのです。

ペンジアスはディッケに電話をかけるとともに、論文の写しを読みました。そしてディッケと研究チームをベル研究所に招いて自分たちが集めたデータを見せたのです。データはプリンストン大学の研究チームの予想を見事に証明しているようでした。ディッケは「我々は出し抜かれたんだ」と言い、そして1965年、ペンジアスらとプリンストン大学のチームは合同で『アストロフィジカル・ジャーナル』に寄稿しました。

ビッグバンの残響

彼らが出した結論は正しかったのです。ペンジアスとウィルソンが聞いて

156

いた雑音は、宇宙マイクロ波背景放射（ＣＭＢ）というもので、事実上、ビッグバンの残響なのです。

　ビッグバンでは想像を絶するほどのエネルギーが宇宙に放射され、一部は最終的に凝集して物質を形成しました。ビッグバンから38万年しか経っていない、まだ宇宙が若いときに、宇宙は光子を通す「透明な」状態になりました。放射されたエネルギーは無数の閃光が同時に光り続けているように見え、色温度は3,000Ｋ程度だったでしょう。色温度とは写真や照明、パソコンの画面などで用いられる色の単位です。光の色と温度（絶対温度Ｋ［ケルビン］で表記）の関係を表していて、1,000Ｋ（727℃）は赤、3,000Ｋ前後が黄色、昼の太陽の白色光は5,500Ｋ前後です。

　宇宙が年を重ね、ビッグバンから138億年経ったのが現在です。ビッグバンのときに放射された光は宇宙に広がり続けていますが、宇宙そのものが膨張しているため、その中を進む光の波長も延びて赤方偏移する（別の言い方をすれば冷える）のです。今ではマイクロ波の帯域にまで波長が延びており、そのため宇宙最古の光──ビッグバンで放射された光（3,000Ｋ）──をマイクロ波としてとらえることになります。観測されるマイクロ波の波長は7.3㎝で、３Ｋ（絶対零度の３度上）での黒体放射に一致します。

　この発見は、当時、定常宇宙論と対立していたビッグバン理論の強力な裏づけになりました。ビッグバン理論ではＣＭＢの存在を予測しており、ペンジアスとウィルソンがそれを発見したのです。

宇宙が若い頃の地図

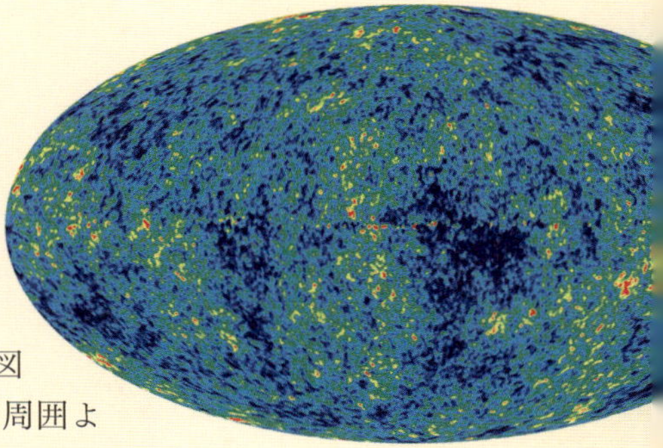

　ペンジアスとウィルソンはＣＭＢには等方性──どちらの方向にもまったく同じに分布している──があると考えていましたが、実際にはわずかなゆらぎがあることが判明します。ＣＭＢの温度は、３Ｋを中心に上下1,000分の１度以下の範囲で分散しているのです。右図はその温度分布を示したもので、黄色の部分は周囲よりも温度が高く、赤い部分はさらに温度が高い領域です。これは、実質的にはビッグバンからわずか38万年後、現在から137億7,000万年前の宇宙の地図なのです。

1967年の研究

- ●研究者……………………
  スーザン・ジョスリン・ベル
- ●研究領域………………………
  天文学
- ●結論………………………
  ブラックホールは実在する。

緑の小人はいるのか？

パルサーとブラックホール

　ブラックホールはどのようにして見つかったのでしょうか？　1783年5月26日、英国の聖職者で博識なジョン・ミッチェル（57ページ参照）は王立協会のヘンリー・キャヴェンディッシュに長い手紙をしたため、太陽の500倍の重さを持つ天体について述べました。

> 「（別の天体が）はるかなる高みから、その巨大な天体に向かって落ちていく。巨大な天体の表面に達したときには、光よりも速くなっている。それゆえ、光も同じ力に引っ張られるとすれば……巨大な天体から放射される光はすべて、その天体自身の重力に引かれて戻っていく」

　つまりミッチェルは、質量が非常に大きく光でさえ逃れられない重力を発する巨大な天体として、ブラックホールのアイデアを思いついたのです。
　そしてわずか13年後、フランスの数学者ピエール＝シモン・ラプラスが著書『宇宙系論』の中で同じアイデアを披露しました。
　ブラックホールというアイデアは、アインシュタインが1915年に一般相対性理論の論文を発表し、宇宙論に新たな息吹が吹き込まれてから、再び取り上げられるようになりました。ドイツの物理学者カール・シュヴァルツシルトは、アインシュタインの重力場方程式の解を発見しました。この方程式は、質点と球状塊について、それらの重力場を記述しています。解を求める中で、シュヴァルツシルト半径と呼ばれるようになる球面内では、何かおかしなことが起こっていることに気づきました。この球面内は、現在では「事象の地平面」と呼ばれ、中に入ることはできても出てくることはできないとされています。
　このようにブラックホールは、計算上は存在するのですが、本当に実在するのでしょうか？

博士号を持つ学生

　北アイルランドで生まれた天文学者のジョスリン・ベルは、1967年当時、イングランドのケンブリッジ大学で大学院生として学び、クエーサーの探索を研究課題にしていました。クエーサーは、当時発見されたばかりの不思議な天体でした。ベルの最初の仕事は、支柱に何kmもの長さの電線を張りめぐらした電波望遠鏡をつくることでした。ベルによれば「（杭を打ち込むための）大きなハンマーを扱うのが得意になった」そうです。

　自動車やサーモスタットなどが出すひどい電波ノイズを取り除き、ようやくベルは本来の課題であるクエーサー探しに取りかかりましたが、予期しない信号をキャッチしました。記録用紙に、わずかな乱れが出ているのです。真夜中にスクーターをとばし、観測所までの約10kmを何度も走り抜けたベルは、ようやく信号を明瞭な形で記録できました。連続した無線パルスの間隔は、正確に1.337秒でした。

宇宙人からのメッセージ？

　ベルと指導教官のアントニー・ヒューイッシュはともに、このような規則的な信号は人工的なものに違いないと考えました。しかしベルが調べてみると、信号は空の特定の方向から送られて来ていたのです。

　しばらくの間、ベルはこれを地球外文明によるものだと考え、ＬＧＭ－１（ＬＧＭはLittle Green Menの略語）すなわち「緑の小人１」と名づけました。続いてベルは、クリスマスの直前に別の信号であるＬＧＭ－２を受信しました。ＬＧＭ－２は1.25秒ごとに強さがピークになるという規則性を持っていました。２つの地球外文明が通信を試みているなどということが有り得るのでしょうか？

　結局、これらの信号は、1934年に存在が予測されていた中性子星が発していたのだと判明します。それまで中性子星が観測されたことはありませんでした。中性子星は巨大な恒星が崩壊して誕生すると考えられています。中性子を主体として構成され、通常の原子の原子核のように、電子が原子核同士を離しているわけではないため、非常に高い密度を持ちます。直径が12kmの中性子星の質量は、太陽の２倍に達します。

このような中性子星は高速で回転し、灯台が光を放つように、無線ビームを宇宙に広く放射しているのです。パルサーとも呼ばれています。ベルが初めてパルサーを4個発見して以降、これまでに2,000を超えるパルサーが見つかっています。

アントニー・ヒューイッシュ（ジョスリン・ベルではなく）は1974年にノーベル賞を授与されました。

ではブラックホールは実在するのか？

中性子星が実在することが判明すると、ブラックホールへの関心が再び高まりました。天体物理学者たちは、重力崩壊は起こり得ることだと認識していたのです。事実上いかなる光も放射しないため、ブラックホールを直接観測するのは不可能です。しかしスティーヴン・ホーキングは、ブラックホールは非常に弱い赤外線の信号を出すだろうと計算しました。またブラックホールの存在を、周囲の天体への影響から推し量ることもできます。例えば一部の星は、ブラックホールの周りを回っていることが知られています。

さらに、それぞれの銀河の中心部には超大質量ブラックホールが存在していると考えられます。もちろん、私たちの銀河系（天の川銀河）にもです。天の川の中心近くに位置する90の星の軌道を観測したところ、太陽の370万〜430万倍の質量を持つブラックホールの存在が示唆されました。

恒星がその最後の時期に超新星爆発を起こすと、中心部が圧縮され重力で自己崩壊を起こします。太陽と同じぐらいからその3倍程度の質量の恒星は中性子星になりますが、それより大質量だと、ほとんどが「恒星ブラックホール（恒星起源）」になります。ところが、見つかっている最大規模のブラックホールは太陽質量の210億倍もあります。このような超巨大ブラックホールがどのようにつくられるのかは、よくわかっていません。

宇宙の膨張は加速している？

1998年の研究

- 研究者……………………
  ソール・パールマッター、アダム・リース、ブライアン・P・シュミット他
- 研究領域……………………
  宇宙論
- 結論……………………
  宇宙は加速度的に膨張している。

孤独な未来

　宇宙の物質は電磁気力の及ばないところに離れているため、数々の銀河にまたがって働く重要な力は重力（万有引力）しかありません。重力は物体間の距離が大きくなると弱くなりますが、それでも絶え間なく働き続けています。この宇宙に十分な量の物質があれば、物質の生み出す重力が互いに引き寄せあい、宇宙が膨張する速さは徐々に遅くなり、やがて反転するはずです。ビッグバンを逆回しにするように宇宙は収縮し、いつかは一点に集中するビッグクランチを迎えて終わります。

　ソール・パールマッターは、アメリカ合衆国、ヨーロッパ、チリが連携しての超新星宇宙論プロジェクト（SCP）を1998年に立ち上げ、どれほど早い時期に宇宙の膨張が減速し、いつ頃にビッグクランチが起きるかを予測しようとしました。

　ブライアン・P・シュミットとアダム・ガイ・リースは、オーストラリア国立大学ストロムロ山天文台でHigh-Z Supernova Search Team（高赤方偏移超新星探査チーム）に参加していました。「High−Z」は高赤方偏移という意味で、このチームが観測対象としたのは地球からはるか遠方の超新星です。このHZTプロジェクトの目標は、SCPと同じように、宇宙が膨張する速さがどれほど遅くなっているかを観測することでした。

　両チームの計画は、地球からはるか遠くの銀河について、地球からの距離と赤方偏移量を観測するというものでした。距離と赤方偏移にはハッブルの法則という関係があり、対象の天体が遠いほど、その天体が発する光のスペクトルは赤い方に移動します。光が地球に到達するのには何十億年という時間がかかるため、その間に宇宙が膨張し、その膨張によって光が赤方偏移するのです（157

ページ参照）。対象となる銀河までの距離と赤方偏移の度合いを比べることで、これまで宇宙がどれほどの速さで膨張したのかがわかります。

探査チームははるかかなたにある「標準光源」を探さなければなりませんでした。標準光源は、光度がわかっている天体です。天文学者はその標準光源を地球から見たときの、見かけの明るさを利用して標準光源までの距離を割り出せます。チームはⅠa型という特定のタイプの超新星を標準光源に選びました。このタイプの超新星は、白色矮星がペアとなっている伴星から質量転移を受けて、爆発に至ると考えられていて、どれも同じ明るさで光るのです。

驚くべき結果

1988年後半に両チームは論文を発表しましたが、よく似た驚くべき結論が示されました。調査では、上述したような超新星の赤方偏移と地球からの距離を比較しました。ハッブルの法則にしたがっているか、あるいはハッブルの法則で算出されるよりも速いという結論が予想されていました。

ところが両チームとも、遠方の超新星の赤方偏移の度合いは、距離に対して著しく小さいという結果を得たのです。つまり何十億年も昔、超新星から光が放出されたときには、ハッブルの法則で導き出されるよりも遅いスピードで宇宙が膨張していたことを意味します。言いかえれば、宇宙の膨張は加速し続けているのです。

ダークエネルギー

「ダークエネルギー」（真空エネルギー）を、小さな負の圧力として見ることができます。真空の力によって、宇宙を引き裂いているとも考えられます。

宇宙学者たちは、ダークエネルギーは空間に満ちており、銀河を遠方に押しやり、宇宙をより一層速く膨張させていると主張します。そして現在、そのような学者たちの説明によると、おおまかに言って宇宙は5％の普通の物質、27％のダークマター、68％のダークエネルギーで構成されているというのです。

162

なぜ我々はここにいるのか？

生命、多世界、その他もろもろ

　私たちはなぜここにいるのでしょうか？　これは哲学者と科学者を何千年間も悩ませてきた問題です。英国の天文学者で王室天文官のマーティン・リースは、1999年に刊行した著書『宇宙を支配する6つの数』で以下のように述べています。「宇宙の『レシピ』をつくるとき……材料のいずれかが『未調整』だとしたら、いかなる星も生命も生まれ出てこなかっただろう。調整は行われたが、それは単なる偶然の結果なのだろうか。それとも恵み深い造物主のお恵みなのだろうか」

　リースはこのいずれの可能性をも否定していますが、数の体系が異なる宇宙が、他にいくつもあるかもしれないと指摘します。そのような宇宙は異なる物理法則にしたがい、異なる元素が存在するか、原子の性質が異なるのかもしれません。生命へと進化する可能性を秘めた小さな分子が存在しないことも考えられます。私たちは数が「正しい」ただ1つの宇宙において、進化してこれたというのです。

　スティーヴン・ホーキングとレナード・ムロディナウは著書『ホーキング、宇宙と人間を語る』で、鍋でお湯を沸騰させたときに生じる泡をたとえ話に用いています。鍋底には小さな泡が多数生まれ、そして消えていきます。これらの泡は、知的生命体はもちろん、星や銀河を生み出すことさえできない短命な宇宙を表します。しかし泡の中には、生き残って大きく成長して水面に達し、はじけて水蒸気を放出するものもあります。このような泡が、成長する宇宙を表しているというのです。

人間原理

　「人間原理」と呼ばれる理論を構成する考え方の1つに、この宇宙は人間の生存に最適化されているというものがあります。「強い人間

1999年の研究

- ●研究者‥‥‥‥‥‥‥‥‥‥‥
マーティン・リース、スティーヴン・ホーキング 他
- ●研究領域‥‥‥‥‥‥‥‥‥
宇宙論
- ●結論‥‥‥‥‥‥‥‥‥‥‥‥
答えを手にするには、まだ未解決の疑問が多い。

原理」では、この宇宙はどういうわけか人間が進化できる形にならざるを得ないのだと主張します。

これに対して「弱い人間原理」というものもあり、その1つの考え方は、さまざまな宇宙の可能性があり、人間はたまたま生存に適した──リースの6つの数が調整された──宇宙に住んでいるのだというものです。

「人間原理」という言葉はブランドン・カーターによって1973年に提唱されたものですが、同様の考え方はその100年以上前から存在していました。アルフレッド・ラッセル・ウォレスは、もう少しでチャールズ・ダーウィンに先んじて自然選択説を公表できた科学者ですが、1904年の著書で以下のように述べています。

> 「人間によって頂点を極めた有機生命体の秩序ある進化にとって、あらゆる点で最適な世界をつくり上げるためには、我々の周囲に広がる、これほどまでに広大で複雑な宇宙が絶対に必要だったのも不思議ではない」

「調整された」宇宙はどのようにできたのか？

リースはコートを大量に売っている衣料品店を例えに用いています。多種多様なコートが山ほど陳列してあれば、きっと自分に似合うコートを見つけられるでしょう。同じように、ビッグバンが1回だけでなく何回もあれば、いずれ人間に適した性質の宇宙を生み出すビッグバンが起きるだろうと期待できます。そのため、この宇宙以外に、何十、何百、いや何百万の宇宙が存在しているだろうと考えられるのです。

量子の世界

1個の光子が2つのスリットがあるカードを通過するとき、あたかも両方のスリットを同時に通るような振る舞いを見せます（64ページ参照）。リチャード・ファインマンは、これは量子世界では過去が1つだけではなく、可能な選択すべてが含まれるためだと説明します。つまり宇宙の誕生以降、可能性のある成長経路すべてがたどられ、数多くの宇宙がつくられることになります。ほとんどはこの宇宙とは似ても似つかないものでしょう。

この考え方は、ヒュー・エヴェレットが量子力学で提唱した「多世界」

解釈と非常に近い関係にあります。シュレディンガーの猫（143ページ参照）に生きている世界と死んでいる世界の2つの異なる世界があるとすれば、それは異なる宇宙なのかもしれません。あるいは、観測者が猫の入った箱を開けた時点で、新しい宇宙がつくられたのかもしれません。

　さらに考えると、私たちが住んでいる宇宙は、想像を絶するほど広大です。銀河系には少なくとも2,000億の恒星があり、その大半は惑星を伴っていると考えられます。外の銀河に目を向けると、少なくとも1,000億の銀河があり、それぞれの銀河には膨大な恒星とおそらくは惑星が存在します。人間のためにつくられたにしては恐るべき数です。シュレディンガーの猫の生死を確認する観測者は、本当に箱を開けただけで同規模の宇宙をもう1つつくるのでしょうか？

別の宇宙が存在するのなら、なぜ見えないのか？

　例えば2次元の紙の上で活動しているアリの群れを考えてみましょう。この紙の10cmほど上にもう1枚紙があり、そこでもアリの群れが活動しているとしても、最初のアリたちは別の群れには気がつきません。この上の紙が「もう1つの宇宙」に相当しますが、3次元の空間で区切られているため、2次元の世界で活動するアリたちは行き来ができません。

　同様に、別の次元に別の宇宙があったとしても、私たちはその宇宙には行けないのです。物理学の複雑な理論に「M理論」というものがあります。11次元という次元を扱うのですが、次元の数がこれだけ多ければ、他の宇宙が存在するのに十分でしょう。

　その一方で、もし別の宇宙と交流できないのなら、なぜ別の宇宙の存在などというものを仮定して思考を進めるのかという疑問も生じます。「オッカムの剃刀（かみそり）」という方針があります。私たちはあらゆる現象に対して、常に最もシンプルな説明を求めるべきだという考え方です。「オッカムの剃刀」を適用すれば、私たちは架空の「別の宇宙」という考え方を捨て去るべきなのでしょう。

2007 年の研究

- ●研究者……………
  ドン・ポラコ 他
- ●研究領域……………
  天文学
- ●結論……………
  銀河系（天の川銀河）の中
  には、居住可能な星が多く
  ある。

我々は
宇宙で独りぼっちなのか？

WASPとスーパー WASP

　1995年10月6日、フランス南東部のオート＝プロヴァンス天文台に勤務していたスイスの科学者ミシェル・マイヨールとディディエ・クロは、太陽以外の恒星を中心に公転する惑星を発見したと発表しました。この惑星は「ペガスス座51番星b」と呼ばれます。

　恒星の周りを回る太陽系外惑星が初めて発見されたのです。木星よりも大きい巨大な星で、主星の恒星（ペガスス座51番星）に異常に近い軌道を通るため、公転周期はわずか4日ほどです。この惑星の重力が主星を揺らすため、主星には周期的なドップラー効果が生じ、それが惑星の発見につながりました。

太陽系外に生命は存在するのか？

　一度、太陽系外惑星が発見されると、天文学者たちは本腰を入れて探索を始めました。もし地球以外で生命が存在するとすれば、おそらく地球のような惑星で発見されるでしょう。つまり、小さくて岩石が多く、温度は「ハビタブルゾーン」（寒過ぎず暑過ぎない0℃から60℃の間）に収まり、その結果、地表に水が液体の状態で存在する惑星です。

　このような惑星を探す際の大きな問題は、惑星が光らないということです。自ら光を出す恒星は発見しやすいのですが、惑星は小さく暗いため、明るい恒星に邪魔されて見えないのが普通です。

光をさえぎるとき

　北アイルランドのクイーンズ大学ベルファストのドン・ポラコと研究チームは、シンプルな探索方法を編み出しました。太陽系外には惑星が数多く存在するだろうと考えたチームは、恒星の前（地球から見てです）を通過する軌道を描く惑星があれば、一時的に恒

星の光をさえぎることに注目しました。つまり恒星を観測し続け、その光が定期的にわずかな時間だけ暗くなるかどうかを観測するのです。そのような現象が起きれば、惑星が前を横切った可能性があります。

デジタルカメラ

チームは、キヤノンの200㎜F1.8レンズのついた高性能デジタルカメラ4台を購入しました。ケンブリッジ大学、カナリア天文物理研究所、アイザック・ニュートン望遠鏡の助けを借り、チームはグラスファイバー製の小さな観測小屋を、西サハラ西岸のカナリア諸島に属するラ・パルマ島の山頂に設置しました。

チームはプロジェクトにthe Wide Angle Search for Planets（惑星の広角探査）という名称をつけ、略してWASPと呼びました。2002年には、クイーンズ大学ベルファストとオープン大学から追加で提供された資金を使い、4台のカメラが追加購入されました。そしてプロジェクトの名称はスーパーWASPに変更され、新たな第一歩を踏み出しました。

しかし若干の問題が生じました。キヤノンが、最初に購入した4台のカメラに合う200㎜レンズの生産を中止したのです。そのためポラコはインターネットオークションのeBayで予備のレンズを調達しました。

8台のカメラは1本のロボットアームに取りつけられており、少しずつ向きが変えられています。そのため8台を合わせると広大な視野が得られるのです。

恒星の写真

8台のカメラは異なる露出時間で2枚の写真を撮影します。するとロボットアームが旋回して別の空の一角にカメラを向け、それぞれのカメラは再び2枚の写真を撮影するのです。この動作をくり返して空全体をカバーした後、ロボットアームはもとの位置に戻ります。

夜のうちに、カメラはおよそ600枚の写真を撮ります。写真1枚には最大10万の星々が写っています。スーパーWASPはそれぞれの星

を天文カタログと比較し、明るさを判断していきます。数ヶ月間データをためてから、研究者が暗くなった恒星があるかどうかを確かめるのです。そのような現象があれば、恒星の前を惑星が横切った可能性があります。

　最もわかりやすいのは巨大な惑星が横切る場合で、しかも頻繁に暗くなるようであれば、特に発見しやすくなります。つまり惑星が恒星に近い軌道を高速で回っているケースでは、2、3日おきに恒星が暗くなるのです。そのような惑星を「ホット・ジュピター」と呼び、ペガスス座51番星bがその好例です。ホット・ジュピターはよく見つかるのですが、必ずしも生命が存在するとは言えません。地表に水を液体の形でとどめておくには、あまりにも温度が高過ぎるのです。さらに重力による影響も強過ぎ、生命の存在には適していません。

無数の太陽系外惑星

　スーパー WASPの探索チームが2006年に初めて公表した太陽系外惑星がWASP－1bです。軌道周期がわずか2.5日のホット・ジュピターでした。WASP－1bは恒星の非常に近くを通るため表面温度は約1,500℃まで熱せられ、さらに巨大な重力の影響でフットボールのような形状になっています。2015年までにスーパー WASPは100を超える太陽系外惑星を発見しました。

　おそらくはスーパー WASPの成果に刺激され、NASAは2009年にケプラーという探査機を打ち上げました。ケプラーは14万5,000の恒星を継続的に観測し、暗くならないかをチェックしました。その結果、2,300を超える太陽系外惑星を発見し、さらに4,700の候補を見つけています。

　現在、天文学者たちは、おおかたの恒星はそれぞれ惑星系を持っているのではないかと考えています。その場合、主として岩石からなり温度がハビタブルゾーンに収まる地球に似た惑星は、天の川だけで110億も存在すると予想されます。110億のうちの1つぐらいでは、ダーウィンの言う「暖かい小さな水溜まり」の中にきっと何らかの生命が息づいていることでしょう。

168

ヒッグス粒子は見つかるのか？

大型ハドロン衝突型加速器（LHC）

2009年の研究

- 研究者⋯⋯⋯⋯⋯⋯⋯
  ピーター・ヒッグスと100ヶ国の1万2,000人の科学者たち
- 研究領域⋯⋯⋯⋯⋯⋯
  素粒子物理学
- 結論⋯⋯⋯⋯⋯⋯⋯⋯
  ヒッグス粒子は見つかっているようだ。

　素粒子物理学者たちは原子を構成する基本的な素粒子の研究に励みました。素粒子物理学に関わっていない人々は、陽子、電子、中性子という段階までわかれば満足していましたが、素粒子物理学者たちはさらに小さい粒子——ニュートリノからクォークにいたるまで——を発見し、いわゆる「粒子の動物園」の全体像を把握しようとしたのです。研究の進展に伴い、素粒子の名前をはじめ、素粒子物理学に関わる言葉をつくり出していきました。そして素粒子物理学者たちは、数十年がかりで素粒子とその相互作用を「標準モデル」と呼ばれる理論に当てはめてきたのです。

　1964年、スコットランドのエディンバラ大学のピーター・ヒッグスが、他の粒子に質量を与える粒子が標準モデルの中に存在するはずだと予言します。これは、光子などを含むボース粒子というグループに含まれるはずでしたが、誰も発見できませんでした。そして「現代物理学が最も熱心に追い求める粒子」となりました。

衝突型加速器

　粒子が高速で衝突するほど粒子が受けるダメージが大きく、粒子の壊れ方が激しいほど、素粒子の謎の解明につながる可能性が高くなります。そのため物理学者たちは、衝突させる粒子の速さを可能な限り上げるため、さまざまな手段を考案してきました。まず静電加速器、次いで線形加速器（リニアック）を試しました。線形加速器では、小さな電場がいくつも並べられ、粒子はその電場を通るごとに加速されます。

　もう少し具体的に説明しましょう。線形加速器の中には、中央に穴のあけられた極板がいくつも並べてあり、穴を粒子が通過できるようになっています。一群の粒子がこの極板の1つに接近したとき、極板の電位を粒子とは反対にすると、粒子は極板に引き寄せられます。粒

子が極板の穴に入ったタイミングで、極板の電位を逆にします。すると今度は、反発した粒子が加速され、次の極板へと追いやられます。このプロセスを、延々と直線状に並べられた極板が途切れるまで続けて、粒子を加速するのです。

次に現れたのはサイクロトロンでした。線形加速器に似ていますが、全体を円形にしています。粒子は電磁石によって円形の加速器内に導かれ、その中を何周もする間、常に加速され続けます。およそ1,500万電子ボルトまで加速します。サイクロトロンをさらに進化させたのがシンクロトロンで、粒子ビームの速さに合わせて（シンクロさせて）磁場の強さを変化させ、粒子を加速器内にとどめておきます。

大型ハドロン衝突型加速器（LHC）

標準モデルにおいて、ヒッグスらが存在を予言した「ヒッグス粒子（と呼ばれる粒子）」を確かめるには、実際につくり出すしかありません。しかし、従来の衝突型加速器ではエネルギーが足りないのです。欧州20ヵ国が運営する「欧州原子核研究機構CERN」には、莫大なエネルギーを注ぎこめる大型の加速器「大型ハドロン衝突型加速器（LHC）」が建設中で、ヒッグス粒子検出実験が計画されました。

LHCは、フランスとスイスの国境をまたぐ地域の深さ100mの場所につくられた、直径8.6km、一周の長さが27kmになる世界最大級の衝突型加速器です。ハドロンとはクォークが強い相互作用で結びついた粒子のことで、例えば水素原子の原子核H^+（陽子）はハドロンです。LHCは、ハドロン、特に陽子を加速するために建設されました。

前段階としてリニアックとシンクロトロンで加速された陽子は、巨大なドーナツ状のトンネル中に設置された直径10cmの2本の真空パイプに送られ、パイプの片方では時計回りに、もう一方のパイプでは反時計回りにさらに加速されます。それが20分も続き、陽子におよそ4兆電子ボルトものエネルギーが加えられると、陽子の速度は光速の99.999999％にも達します。1927年のデイヴィソンとジャマーの実験（129ページ参照）では50電子ボルトでしたので8百億倍の値です。

理論計算では、このすさまじく速い陽子同士を正面衝突させると、10兆回に1回程度の割合でヒッグス粒子が生まれるというのです。その発生も直接には観測できないので、ハイテク化した霧箱（104ページ参照）と呼べる巨大検出器「アトラス」が証拠を集めます。

実験開始

　LHCを最大出力で運転すると毎秒数百万回の衝突が起こりますが、それぞれのデータは、世界36ヵ国170台のコンピューターを接続したグリッド・コンピューティングによって分析されます。

　LHCが稼働して最初の陽子衝突が2009年11月23日に検知され、その数ヶ月後にはLHCは最大出力で稼働します。そして2011年12月、ヒッグス粒子らしきデータをとらえますが、まだ信頼が置けません。続いて2012年7月にも新たな粒子をとらえますが確定的ではないため、さらに実験が続けられ、2013年3月14日になってようやく——科学的な言い方をすれば——発見された新粒子は、ヒッグス粒子であることを強く示唆している、と実験チームが発表しました。

ノーベル賞その後

　2013年のノーベル物理学賞は、1964年に素粒子が質量を持つ仕組みを説明した理論を打ち立てたベルギーの理論物理学者フランソワ・アングレールと、同年、ヒッグス粒子の存在を予言する論文を発表したイギリスの理論物理学者ピーター・ヒッグスが受賞しました。

　ヒッグス粒子の発見により標準モデルの穴は埋まりました。しかし最近の研究では、標準モデルは完璧なものではないと考えるのが主流になりつつあります。

　LHCで扱えるエネルギーを倍化するアップグレードも進んでいて、標準モデルの綻びを明らかにする、さらなる新粒子の発見も予言されています。ダークマターの正体も明らかになるかもしれません。

　各国が参加し、複数の研究・開発チームが寄与するビッグサイエンスの代表格と言えるLHCは、従来の物理学や宇宙論を塗り替える可能性を持っています。

索 引

▶英語
JET（欧州トーラス共同研究施設） 150, 153
WASP→スーパー WASPを参照

▶あ
アインシュタイン、アルベルト 95-97, 113, 114
  116-18, 122-24, 125, 128, 134, 135
  144-45, 147, 158
アヴォガドロ、アメデオ 108
アストン、フランシス・W 88
アラゴ、フランソワ 66
アリストテレス 8-9, 21, 32-33, 35
アルキメデス 6, 9, 13-16, 19
アルツィモビッチ、レフ 153
アル・ハーキム（カリフ） 9, 20
アレクサンドロス大王 17
アンダーソン、カール・デイヴィッド 115, 137-39
アンペール、アンドレ＝マリ 66
一般相対性理論 97, 116-18, 122-24, 158
イブン・アル＝ハイサム（アルハゼン） 9, 20-22
ウィルキンソン、デイビッド 156
ウィルソン、リーズ 103-5
ウィルソン、ロバート・ウッドロウ 155-57
ウーレンベック、ジョージ 127
ウェスティングハウス、ジョージ 92, 93
ウォラストン、ウィリアム・ハイド 66-68
ウォレス、アルフレッド・ラッセル 164
宇宙論 80-82, 134-36, 140-42, 155-57, 161-62, 163-65
エヴェレット、ヒュー 145, 164
エジソン、トーマス 92, 108
エディントン、アーサー・S 122-24, 134
エラトステネス 9, 17-19
エルサッサー、ウォルター 128
エルステッド、ハンス・クリスティアン 66-68
エンペドクレス 6, 9, 10-12
大型ハドロン衝突型加速器（LHC） 151, 169-71
オールト、ヤン 141
オッカムの剃刀 31, 165
オネス、ヘイケ・カメルリング 101-2
音響学 69-71

▶か
カーター、ブランドン 164
ガイガー、ヨハネス・ウイルヘルム 98-100
ガイスラー、ハインリッヒ 83
カッシーニ、ジョヴァンニ・ドメニコ 43-45
ガリレオ・ガリレイ 6, 22, 27, 31-33, 34, 37, 43
  96, 116
ガルヴァーニ、ルイージ 60-61
キーティング、リチャード 117
幾何学 17-19
キャヴェンディッシュ、ヘンリー 57-59, 158
キュリー、ピエール 89-91
キュリー、マリ・スクウォドフスカ 79, 89-91
ギルバート、ウィリアム 30

空気力学
空気力学 10-12, 37-39
クラウジウス、ルドルフ 141
クルックス、ウィリアム 78, 83
クロ、ディディエ 166
ゲーリケ、オットー・フォン 37
ケルヴィン、ウィリアム・トムソン 74, 101, 114
ゲルラッハ、ワルター 125-27
原子核物理学 146-49, 152-54
原子物理学 86-88, 98-100, 119-21, 125-27
光学 20-25, 40-42, 43-45, 63-65, 75-77
ゴーズミット、サミュエル 127
コペルニクス、ニコラウス 6
ゴルトシュタイン、オイゲン 83
コンドゥイット、ジョン 48
コンプトン、アーサー 128, 130

▶さ
サハロフ、アンドレイ・ドミートリエヴィチ 153
ジャマー、レスター 115, 128-30, 170
シュヴァルツシルト、カール 158
重力 31-35, 54-56
ジュール、ジェームズ・プレスコット 53, 72-74, 101
シュスター、アーサー 86
シュテルン、オットー 125-27
シュプレンゲル、ヘルマン 78
シュミット、ブライアン・P 161-62
シュレディンガー、エルヴィン 143-45
シラード、レオ 146-49
スーパー WASP 151, 166-68
ストゥークリ、ウィリアム 47-48
素粒子物理学 106-9, 137-39, 169-71
ゾンマーフェルト、アルノルト 126-27

▶た
ダーウィン、チャールズ 76, 164, 168
ダイソン、フランク・W 122-24
ダ・ヴィンチ、レオナルド 22
タウンリー、リチャード 39
ダゲール、ルイ・ジャック 75
タム、イーゴリ・エヴゲーニエヴィチ 153
タレス（数学者） 10
張衡 8
ツビッキー、フリッツ 140-42
デイヴィソン、クリントン 115, 128-30, 170
ディッケ、ロバート 156
ディラック、ポール 115, 137-38
デヴィッドソン、チャールズ 122-24
デービー、ハンフリー 62, 66-68
テオドリク（フライブルクの） 9, 23-25
デカルト、ルネ 22, 48
テスラ、ニコラ 92-94
電気学 60-62, 92-94, 101-2
電磁気学 66-68
電磁スペクトル 83-85
天体物理学 122-24
天文学 158-60, 166-68
ドップラー、クリスチャン・アンドレアス 69-71
  136, 166

172

ド・ブロイ、ルイ 115, 128
トムソン、ウィリアム 74
トムソン、ジョゼフ・ジョン 86-88, 98
トリチェリ、エヴァンジェリスタ 34-35, 38, 39
78, 80
トンプソン、ベンジャミン 72

▶な

ナポレオン1世（フランス皇帝） 61
ニュートン、アイザック 7, 22, 27, 33, 39, 40-42, 45
46-48, 52, 54, 56, 63, 64, 77, 118, 123, 124, 133, 137
熱力学 49-51, 72-74
ノーマン、ロバート 27, 28-30

▶は

バーデ、ウォルター 140
バーネル、ジョスリン 141
ハーフェレ、ジョゼフ 117
パールマッター、ソール 161-62
ハイゼンベルク、ヴェルナー・カール 115, 131-33
143
パウリ、ヴォルフガング 133
パウンド、ロバート 117
パスカル、ブレーズ 34-36, 38
パストゥール、ルイ 151
ハットン、チャールズ 56
ハッブル、エドウィン 71, 134-36, 162
ハレー、エドモンド 45, 46-48
パワー、ヘンリー 39
バンクス、ジョゼフ 61-62
ピーブルズ、ジム 156
ヒッグス、ピーター 169-71
ヒューイッシュ、アントニー 159-60
ファインマン、リチャード 65, 164
ファラデー、マイケル 53, 66-68, 74, 83, 125
フィゾー、イッポリート 71, 75-77
フーコー、レオン 75-77
フェルミ、エンリコ 146-49
フック、ロバート 37-39, 46, 48
プトレマイオス 21
ブラーエ、ティコ 140
ブラケット、パトリック 121
ブラッグ、ウィリアム・ヘンリー 130
ブラッグ、ウィリアム・ローレンス 130
ブラック、ジョゼフ 49-51
ブラッドリー、ジェームズ 75
フランク、ジェイムス 110-13
プランク、マックス 112
フランクリン、ベンジャミン 60
フリードマン、アレクサンドル・アレクサンドロヴ
ィチ 134-36
フレッチャー、ハーヴェイ 106-9
ベーコン、フランシス（哲学者） 26
ベクレル、アントワーヌ・アンリ 83-85, 91
ヘス、ヴィクトール 138
ペリエ、フロラン 35
ベル、スーザン・ジョスリン 151, 158-60
ベルタ、アンナ 85

ヘルツ、グスタフ・ルートヴィヒ 110-13
ペンジアス、アーノ・アラン 155-57
ホイヘンス、クリスティアーン 32, 63
ホイル、フレッド 135
ボイル、ロバート 6-7, 12, 37-39, 78, 80, 101
放射能 83-85, 89-91
ボーア、ニールス 111-12, 121, 125-27, 131, 143, 144
ホーキング、スティーヴン 160, 163-65
ボナパルト、ナポレオン 61
ポラコ、ドン 166-68
ボルタ、アレッサンドロ 60-62

▶ま

マースデン、アーネスト 98-100
マイケルソン、アルバート・A 80-82, 96
マイヨール、ミシェル 166
マウラー、ステファン 141
マスケリン、ネヴィル 54-56, 58
ミッチェル、ジョン 57, 58, 59, 158
ミリカン、ロバート・アンドリューズ 106-9, 140
ミンコフスキー、ヘルマン 97
ムーア、ゴードン 7
ムロディナウ、レナード 163
メイソン、チャールズ 54-55
モーリー、エドワード・W 80-82, 96
モルガン、ジョン・ピアポント 94

▶や

ヤング、トマス 63-65, 77
ユークリッド 21

▶ら

ラヴォアジエ、アントワーヌ 72
ラザフォード、アーネスト 79, 91, 98-100, 111
119-21, 125, 146
ラビ、イジドール 127
ラプラス、ピエール＝シモン 158
ラムゼー、ノーマン・F 127
ランフォード伯ベンジャミン・トンプソン 72
リース、アダム 161-62
リース、マーティン 163-65
流体静力学 13-16
量子物理学 143-45
量子力学 110-13, 128-30, 131-33
ルービン、ヴェラ 142
ルメートル、アンリ 134-36
レイリー卿 82
レーナルト、フィリップ 84
レーマー、オーレ 43-45, 75
レブカ、グレン 117
レン、クリストファー 46
レントゲン、ヴィルヘルム・コンラート 83-85
ローズ、リチャード 146

▶わ

ワット、ジェームズ 51, 58

用語解説

アルファ粒子　ヘリウムの原子核。陽子2個と中性子2個からなる。

陰極線　真空の陰極線管内で、陰極から発生する電子の流れ。

ウラン　重い金属元素で、放射能を持つ。

重ね合わせ　量子力学のコペンハーゲン解釈において、素粒子は複数の場所に同時に存在できるという考え方。

慣性系　静止しているか、等速直線運動を行っている場。

光子　光のエネルギーの単位。光波を運ぶパケット。

光電効果　光が当たった金属などから電子が放出される現象。

国際単位系（SI）　国際的に定められた測定単位。

サーモカップル　2種類の金属を1点で接触させてつくった、温度の測定器具。

事象の地平面　ブラックホールに伴って存在する境界面。ブラックホールの強大な重力により、近くを通る光も曲げられるが、事象の境界面の内側に入ってしまうと光でさえ脱出できなくなる。ただしホーキング放射と呼ばれる現象により、事象の境界面からは極めて微量のエネルギーが放射されている。

シンチレーション　粒子が蛍光を発するスクリーンに衝突したときに生じる光。

スピン　量子力学において、素粒子の角運動量を指す。

青方偏移　波長が短くなるか周波数が高くなること。

赤方偏移　波長が長くなるか周波数が低くなること。

ダークマター　宇宙を構成する全質量の84.5%を占めると考えられる見えない物質。

太陽系外惑星　太陽系の外で、太陽以外の恒星の周りを回っている惑星。

多相システム　3つ以上の伝導体を使って交流電流を配電するシステム。

超対称性　素粒子物理学の標準モデルを拡張するもので、各素粒子に対となるパートナーが存在することを予言している。

プラズマ　物質の3態である固体、液体、気体に次ぐ第4の状態。物質を構成するすべての粒子がイオン化している。炎がその一例。

分光計　原子のスペクトルを測定する装置。

陽電子　反物質の粒子の1つ。電子に似ているが、正の電荷を持つ。

謝　辞

　これほど多くの旧友たちについて執筆できる機会を与えてくれたシルヴィア・ラングフォード、特殊相対性理論の理解を助けてくれたサー・マイケル・ベリー、同じくスラヴ・トドロフ、そしてかつての研究仲間であり、古代の科学者を何人も紹介してくれたポール・ベイダー、マーティー・ジョプソン、ジョン・フランカスに感謝を捧げたい。

出　典

Chapter 1 Kingsley, Peter. *Ancient Philosophy, Mystery and Magic: Empedocles and Pythagorean Tradition* (Oxford, UK: Oxford University Press, 1995).

"On Floating Bodies" in *The Works of Archimedes*, ed. Heath, T. L., Cambridge, 1897 (New York: Dover Publications, 2002).

Chambers, James T. "Eratosthenes of Cyrene" in Magill, Frank N. ed., *Dictionary of World Biography: The Ancient World* (Pasadena, CA: Salem Press, 1998).

Sabra, A. I., ed., *The Optics of Ibn al-Haytham* (Kuwait: National Council for Culture, Arts and Letters, 1983, 2002).

Harré, Rom. *Great Scientific Experiments: 20 Experiments that Changed our View of the World* (Oxford UK: Phaidon, 1981).

Chapter 2 Norman, Robert. *The Newe Attractive* (London: Ballard, 1581).

Galilei, Galileo. *Discorsi e Dimostrazioni Matematiche Intorno a Due Nuove Scienze* (Leiden: Louis Elsevier, 1638).

Pascal, Blaise. *Experiences nouvelles touchant le vide (New experiments on the vacuum)* (1647).

Boyle, Robert. *New Experiments Physico-Mechanical: Touching the Spring of the Air and their Effects* (1660).

Newton, Isaac. *Philosophical Transactions of the Royal Society of London* 6 (1671/2): 3075–3087.

(Rømer, Ole. Never officially published.)

Newton, Isaac. *Philosophiae Naturalis Principia Mathematica (The mathematical principles of natural philosophy)* (London, 1687).

Derham William. "Experimenta & Observationes de Soni Motu, Aliisque ad id Attinentibus (Experiments and Observations on the speed of sound, and related matters)." *Philosophical Transactions of the Royal Society of London* 26 (1708): 2–35.

Black, Joseph. Lecture, April 23, 1762, University of Glasgow.

Chapter 3 Maskelyne, Nevil. "An Account of Observations Made on the Mountain Schehallien for Finding Its Attraction. By the Rev. Nevil Maskelyne, BDFRS and Astronomer Royal." *Philosophical Transactions of the Royal Society of London* (1775): 500–542.

Cavendish, Henry. "Experiments to Determine the Density of the Earth. By Henry Cavendish, Esq. FRS and AS." *Philosophical Transactions of the Royal Society of London* (1798): 469–526.

Volta, Alessandro. Letter to Sir Joseph Banks, March 20, 1800. "On the Electricity Excited by the Mere Contact of Conducting Substances of Different Kinds." *Philosophical Transactions of the Royal Society of London* 90 (1800): 403–431.

Young, Thomas. "The Bakerian lecture: On the theory of light and colours." *Philosophical Transactions of the Royal Society of London* (1802): 12–48.

Cayley, George. "Sir George Cayley's governable parachutes." *Mechanics Magazine*, September 25, 1852.

Faraday, Michael. "On some new electro-magnetical motions, and on the theory of magnetism." *Quarterly Journal of Science* 12 (1821).

Doppler, Christian Andreas. "On the colored light of the double stars and certain other stars of the heavens." *Abh. Kgl. Böhm. Ges. d. Wiss.* (Prague) (1842): 465–482.

Joule, James Prescott. "On the Mechanical Equivalent of Heat." *Abstracts of the Papers Communicated to the Royal Society of London* (1843): 839–839.

Fizeau, Hippolyte, and Léon Foucault ."Méthode générale pour mesurer la vitesse de la lumière dans l'air et les milieux transparents. Vitesses relatives de la lumière dans l'air et dans l'eau" (General method for measuring the speed of light in air and transparent media. Relative speed of light in air and in water.) *Compt. Rendus* 30 (1850): 551.

Bessemer, Henry. *Sir Henry Bessemer—FRS, An Autobiography* (London: The Institute of Metals, 1905).

Chapter 4 Michelson, Albert A., and Morley, Edward W. "On the Relative Motion of the Earth and the Luminiferous Ether." *American Journal of Science* 34 (1887): 333–345.

Röntgen, W. C. "Über eine neue Art von Strahlen"(On a New Kind of Rays). *Sitzungsberichte der Würzburger Physik-medic. Gesellschaft* (1895).

Thomson, Joseph John. "XL. Cathode rays." *The London, Edinburgh, and Dublin Philosophical Magazine and Journal of Science* 44, no. 269 (1897): 293–316.

Curie, P. and Curie, M. S. "Sur Une Nouvelle Substance Fortement Radio-Active, Contenue Dans La Pitchblende"(On a new radioactive substance contained in pitchblende). *Comptes Rendus* 127 (1898): 175–8.

Tesla, Nikola. *Colorado Springs Notes 1899–1900* (Beograd: Nolit, 1978).

Einstein, Albert. "Zur Elektrodynamik bewegter Körper." *Annalen der Physik* 17 (1905): 891.

Geiger, Hans, and Ernest Marsden. "LXI. The laws of deflexion of α particles through large angles." *The London, Edinburgh, and Dublin Philosophical Magazine and Journal of Science* 25, no. 148 (1913): 604–623.

Onnes, H. Kamerlingh. "The disappearance of the resistivity of mercury." *Comm. Phys. Lab. Univ. Leiden*; No. 120b, 1911. Proc. K Ned. Akad. Wet. 13, (21911) 1274.

Wilson, Charles Thomson Rees. "On a method of making visible the paths of ionising particles through a gas." *Proceedings of the Royal Society of London. Series A, Containing Papers of a Mathematical and Physical Character* 85, no. 578 (1911): 285–288.

Franck, J. and Hertz, G. "Über Zusammenstöße zwischen Elektronen und Molekülen des Quecksilberdampfes und die Ionisierungsspannung desselben"(On the collisions between electrons and molecules of mercury vapor and the ionization potential of the same). *Verhandlungen der Deutschen Physikalischen Gesellschaft* 16 (1914): 457–467.

Chapter 5 Einstein, Albert "Die Feldgleichungen der Gravitation" (The Field Equations of Gravitation). *Königlich Preussische Akademie der Wissenschaften*. 1915: 844–847.

Rutherford, Ernest. "LIV. Collision of alpha particles with light atoms. IV. An anomalous effect in nitrogen." *The London, Edinburgh, and Dublin Philosophical Magazine and Journal of Science* 37, no. 222 (1919): 581–587.

Dyson, Frank W., Arthur S. Eddington, and Charles Davidson. "A determination of the deflection of light by the sun's gravitational field, from observations made at the total eclipse of May 29, 1919." *Philosophical Transactions of the Royal Society of London: A Mathematical, Physical and Engineering Sciences* 220, no. 571–581 (1920): 291–333

Gerlach, W., and O. Stern. "Der experimentelle Nachweis der Richtungsquantelung im Magnetfeld." *Zeitschrift für Physik* 9 (1922): 349.

Friedman, Alexander. "*Über* die Krümmung des Raumes." *Zeitschrift für Physik* 10 (1922): 377–386.

Lemaître, Georges. "Un Univers homogène de masse constante et de rayon croissant rendant compte de la vitesse radiale des nébuleuses extra-galactiques." *Annales de la Société Scientifique de Bruxelles* 47 (1927): 49.

Hubble, Edwin. "A relation between distance and radial velocity among extra-galactic nebulae." *Proceedings of the National Academy of Sciences* 15, no. 3 (1929): 168–173.

Davisson, Clinton, and Lester H. Germer. "Diffraction of electrons by a crystal of nickel." *Physical review* 30, no. 6 (1927): 705.

Heisenberg, Werner. "Über den anschaulichen Inhalt der quantentheoretischen Kinematik und Mechanik." *Zeitschrift für Physik* 43, no. 3–4 (1927): 172–198.

Anderson, Carl D. "The positive electron." *Physical Review* 43, no. 6 (1933): 491.

Schrödinger, Erwin. "Die gegenwärtige Situation in der Quantenmechanik (The present situation in quantum mechanics)." *Naturwissenschaften* 23 (49) (1935): 807–812.

Chapter 6 Fermi, E. "The Development of the first chain reaction pile." *Proceedings of the American Philosophical Society* 90 (1946): 20–24.

Bondarenko, B. D. "Role played by O. A. Lavrent'ev in the formulation of the problem and the initiation of research into controlled nuclear fusion in the USSR." *Phys. Usp.* 44 (2001): 844.

Penzias, Arno A., and Robert Woodrow Wilson. "A Measurement of Excess Antenna Temperature at 4080 Mc/s." *The Astrophysical Journal* 142 (1965): 419–421.

Hewish, Antony, S. Jocelyn Bell, J. D. H. Pilkington, P. F. Scott, and R. A. Collins. "Observation of a rapidly pulsating radio source." *Nature* 217, no. 5130 (1968): 709–713.

Cameron, A. Collier, F. Bouchy, G. Hébrard, P. Maxted, Don Pollacco, F. Pont, I. Skillen et al. "WASP-1b and WASP-2b: two new transiting exoplanets detected with SuperWASP and SOPHIE." *Monthly Notices of the Royal Astronomical Society* 375, no. 3 (2007): 951–957.

Rees, Martin. *Just Six Numbers* (London, Weidenfeld & Nicolson, 1999).

Gianotti, F. ATLAS talk at "Latest update in the search for the Higgs boson." CERN, July 4, 2012. Incandela, J. CMS talk at "Latest update in the search for the Higgs boson." CERN, July 4, 2012.

Aad, Georges, T. Abajyan, B. Abbott, J. Abdallah, S. Abdel Khalek, A. A. Abdelalim, O. Abdinov et al. "Combined search for the Standard Model Higgs boson in p p collisions at s= 7 TeV with the ATLAS detector." *Physical Review D* 86, no. 3 (2012): 032003.